추천사

새로운 교육 과정은 미래 사회에 대비한 창의력과 인성을 키우는 것을 목표로 하고 있습니다. 따라서 단순 암기해야 하는 내용은 대폭 줄고, 프로젝트 학습이나 토의 토론식 수업 중심이 됩니다. 또한 각 과목 간 융합을 통한 '창의적 융합인재 육성' 이른바 'STEAM'교육이 강조되고 있습니다. 특히 수학은 논리력과 문제 해결 과정 중심으로 개편되고 있습니다. 이제까지의 단순 암기식 학습이 아니라 스스로 개념과 원리를 이해하고 탐구할 수 있는 근본적인 학습 태도와 학습 동기를 변화시키고자 하는 의지를 담고 있는 것입니다.

이러한 새로운 교육 방향이 저희 와이즈만 영재교육에게는 전혀 낯설지 않습니다. 와이즈만에서는 오래전부터 창의적인 인재를 양성하기 위해 구성주의 이론을 적용한 창의사고력 수학을 가르쳐왔기 때문입니다. 이번 '즐깨감 초등 수학 시리즈'에서도 와이즈만 영재교육이 오랫동안 쌓아온 경험과 성과가 잘 녹아 있습니다.

'즐깨감 초등 수학 시리즈'는 생활 속에서 접하는 상황이나 퍼즐, 게임 등과 같이 다양한 소재를 이용해 학생들이 수학에 대한 거부감 없이 쉽게 접근할 수 있도록 했습니다. 학생들은 본 교재를 통해 재미있는 수학을 접하고 원리를 이해하는 습관을 기르면서 수학에 대해 유연하게 사고하는 방법을 익힐 수 있습니다. 무엇보다도 '수와 연산' '도형' '규칙성과 문제해결' '측정·확률과 통계' 같은 다양한 영역에서 집중적으로 실력을 다져 모든 영역에서 수학적 능력을 발휘할 수 있습니다.

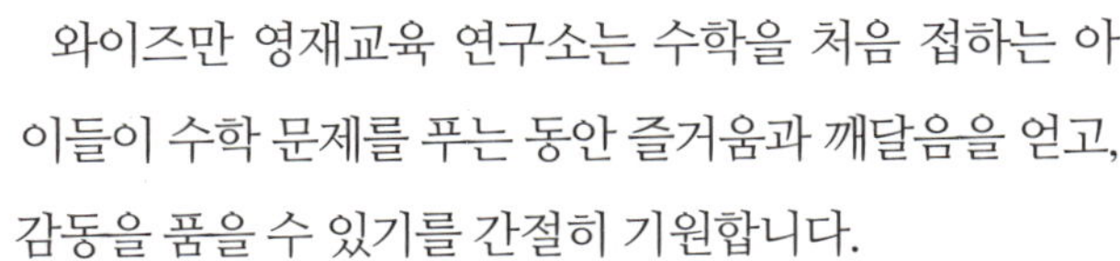

와이즈만 영재교육 연구소는 수학을 처음 접하는 아이들이 수학 문제를 푸는 동안 즐거움과 깨달음을 얻고, 감동을 품을 수 있기를 간절히 기원합니다.

와이즈만영재교육연구소 소장
이미경

3

즐깨감 시리즈

'즐깨감'은 **즐**거움, **깨**달음, **감**동의 줄임말로, 와이즈만 영재교육의 수학·과학 학습 노하우가 담긴 학습서입니다. 단순한 연산 법칙이나 공식을 암기하기보다 생활 속에서 접하는 상황이나 다양한 소재를 이용해 학생이 수학에 대한 거부감 없이 쉽게 접근하고, 수학 과학에 대한 긍정적인 태도를 갖게 합니다.

어떤 순서로 공부할까?

기본편	4가지 수학 영역의 기초를 다집니다.
영역편	영역별로 나눠 집중적으로 학습합니다.
응용편	학습한 내용을 토대로 여러 가지 퍼즐 문제를 해결합니다.
실력편	난이도가 높은 창의 사고력 문제로 실력을 높입니다.

	기본편	영역편	
5세			
6세			
7세			
1학년			
2학년			
3학년			

2학년에는 즐깨감 수학

와이즈만 영재교육연구소 지음

즐거움과 깨달음, 감동이 있는 교육 문화를 창조한다는 사명으로 우리나라의 수학, 과학 영재교육을 주도하면서
창의 영재수학과 창의 영재과학 교재 및 프로그램을 개발했습니다. 구성주의 이론에 입각한 교수학습 이론과
창의성 이론 및 선진 교육 이론 연구 등에도 전념하고 있습니다. 국내 최고의 사설 영재교육 기관인 와이즈만 영재교육에
교육 콘텐츠를 제공하고 교사 교육을 담당하고 있습니다. 이 책을 책임 집필하신 분은 임성숙 선생님입니다.

처음 시작하는 초등 사고력 수학

2학년에는 즐깨감 수학: 수와 연산

1판 1쇄 발행 2012년 7월 10일 **개정증보판 1판 1쇄 발행** 2025년 12월 30일

글 와이즈만 영재교육연구소 | 그림 김차경 | 발행처 와이즈만 BOOKs | 발행인 염만숙
출판사업본부장 김현정 | **편집** 김예지 이지웅 이시온
디자인 디자인제이
편집진행 마이퍼스트스파크
마케팅 강윤현 장하라 김희정

출판등록 1998년 7월 23일 제1998-000170
제조국 대한민국 | **사용 연령** 6세 이상
주소 서울특별시 서초구 남부순환로 2219 나노빌딩 5층
전화 마케팅 02-2033-8987 **편집** 02-2033-8928
팩스 02-3474-1411
전자우편 books@askwhy.co.kr
홈페이지 mindalive.co.kr

응용편
실력편
입학 준비편
과학창의력
즐깨감 초등 수학은 개정
교육과정에 따라 〈수와 연산〉,
〈도형〉, 〈규칙성과 문제해결〉,
〈측정·확률과 통계〉의 네 영역으로
커리큘럼을 설계하였습니다.

이 책의 구성과 활용

STEP 1

생각이 자라는

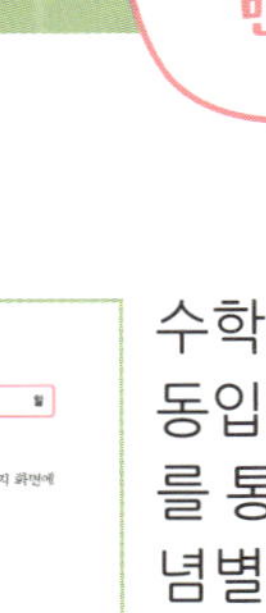

수학의 개념과 원리를 익히는 활동입니다. 생활 속 소재나 이야기를 통해 흥미를 불러일으키며, 개념별로 다양한 유형의 문제를 풀면서 기초를 튼튼히 다질 수 있습니다. 난이도 하, 중하 수준의 문제로 구성되었습니다.

STEP 2

응용력이 커지는

1단계에서 개념을 이해한 다음, 실제로 적용하고 응용해 보는 활동입니다. 기본적인 개념 확인 문제를 비롯해 이해력, 계산력, 논리력, 문제 해결력 등을 기를 수 있는 문제로 구성했습니다. 난이도는 중, 중상 수준이며, 이 단계를 통해 수학적 사고의 폭을 확장할 수 있습니다.

창의력이 샘솟는

일반적인 유형에서 나아가 사고력과 창의력을 기르는 활동입니다. 퍼즐이나 미로 등을 활용한 사고력 문제, 여러 개념을 종합한 융복합 문제 등으로 구성했습니다. 난이도는 중, 중상 수준이며, 이 단계를 통해 수학적 추론 능력과 창의적 문제 해결력을 기를 수 있습니다.

답지를 확인해요

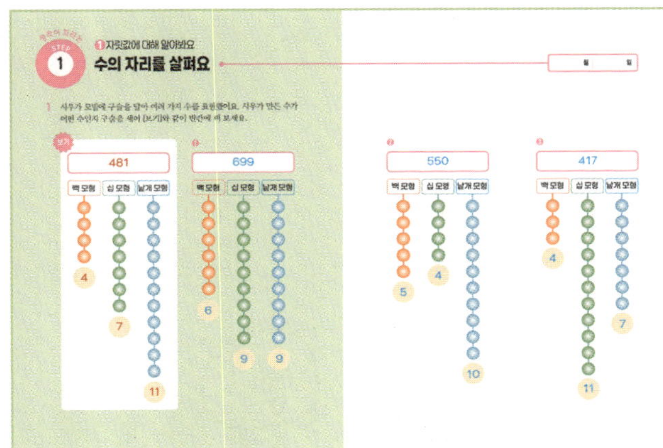

정답을 한눈에 알아볼 수 있도록 본문 위에 파란색으로 답을 표시하였습니다. 창의적인 아이들은 정답 외에도 다양한 답을 떠올립니다. 부모님이 판단하실 때, 아이의 답이 논리적이고 합당하다면 칭찬해 주세요. 또한, 정답이 아니더라도 열심히 노력한 자세나 문제 해결 과정을 격려한다면 수학에 자신감을 얻을 수 있습니다.

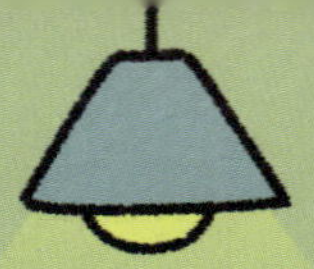

차례

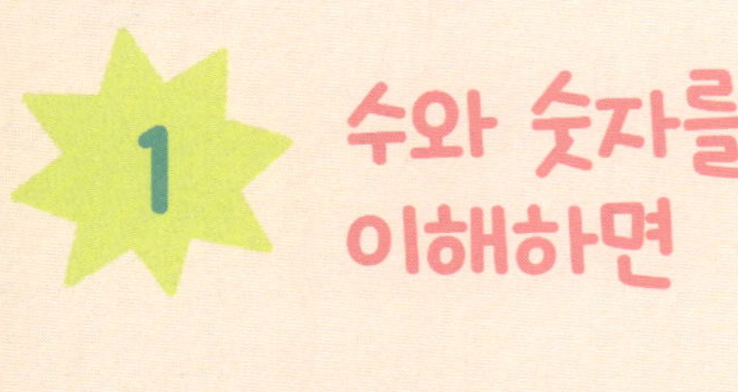

3 곱셈구구를 이해하면

수와 숫자를 이해하면

1 자릿값에 대해 알아봐요
2 수를 만들고 비교해요
3 수와 숫자를 함께 살펴요

STEP 1

1 자릿값에 대해 알아봐요

수의 자리를 살펴요

1 시우가 모빌에 구슬을 달아 여러 가지 수를 표현했어요. 시우가 만든 수가 어떤 수인지 구슬을 세어 [보기]와 같이 빈칸에 써 보세요.

보기

481		
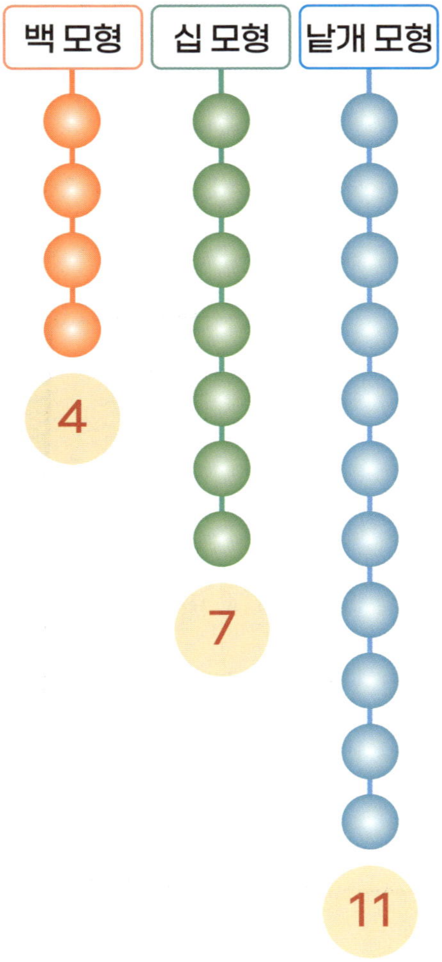 백 모형	십 모형	낱개 모형
4	7	11

①

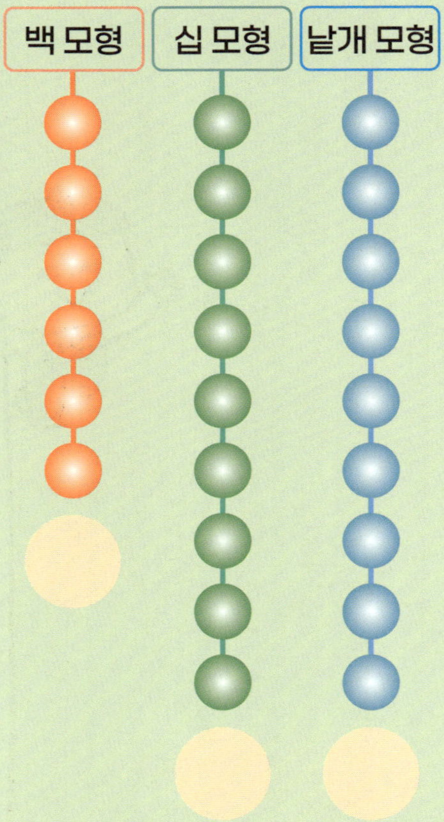

백 모형	십 모형	낱개 모형

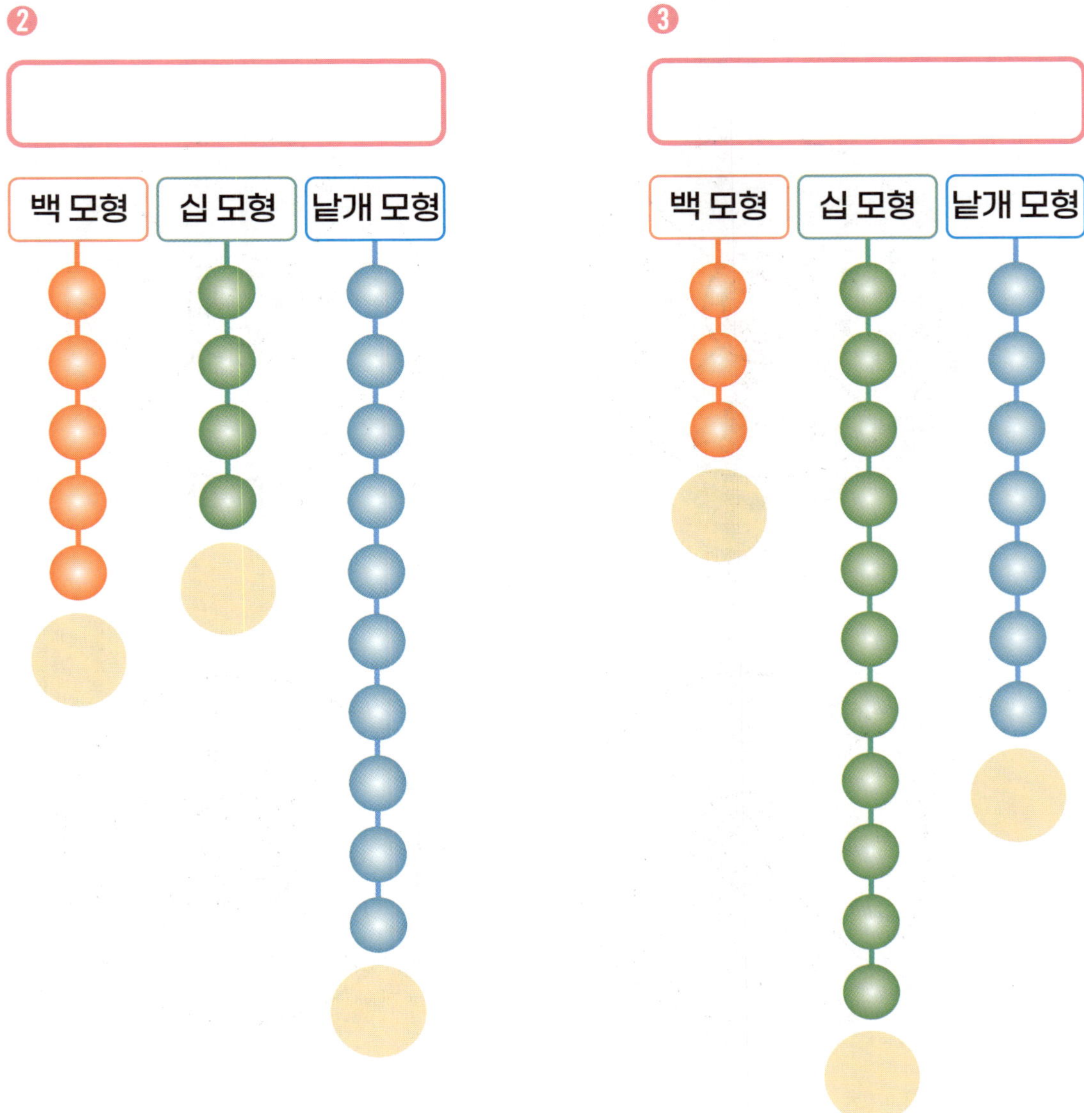

❷
백 모형　십 모형　낱개 모형
❸
백 모형　십 모형　낱개 모형

2 은우와 지호가 다트판에 다트를 던졌습니다. 다음 물음에 답하세요.

❶ 은우가 맞힌 다트판입니다. [보기]와 같이 점수를 계산하여 빈칸에 써 보세요.

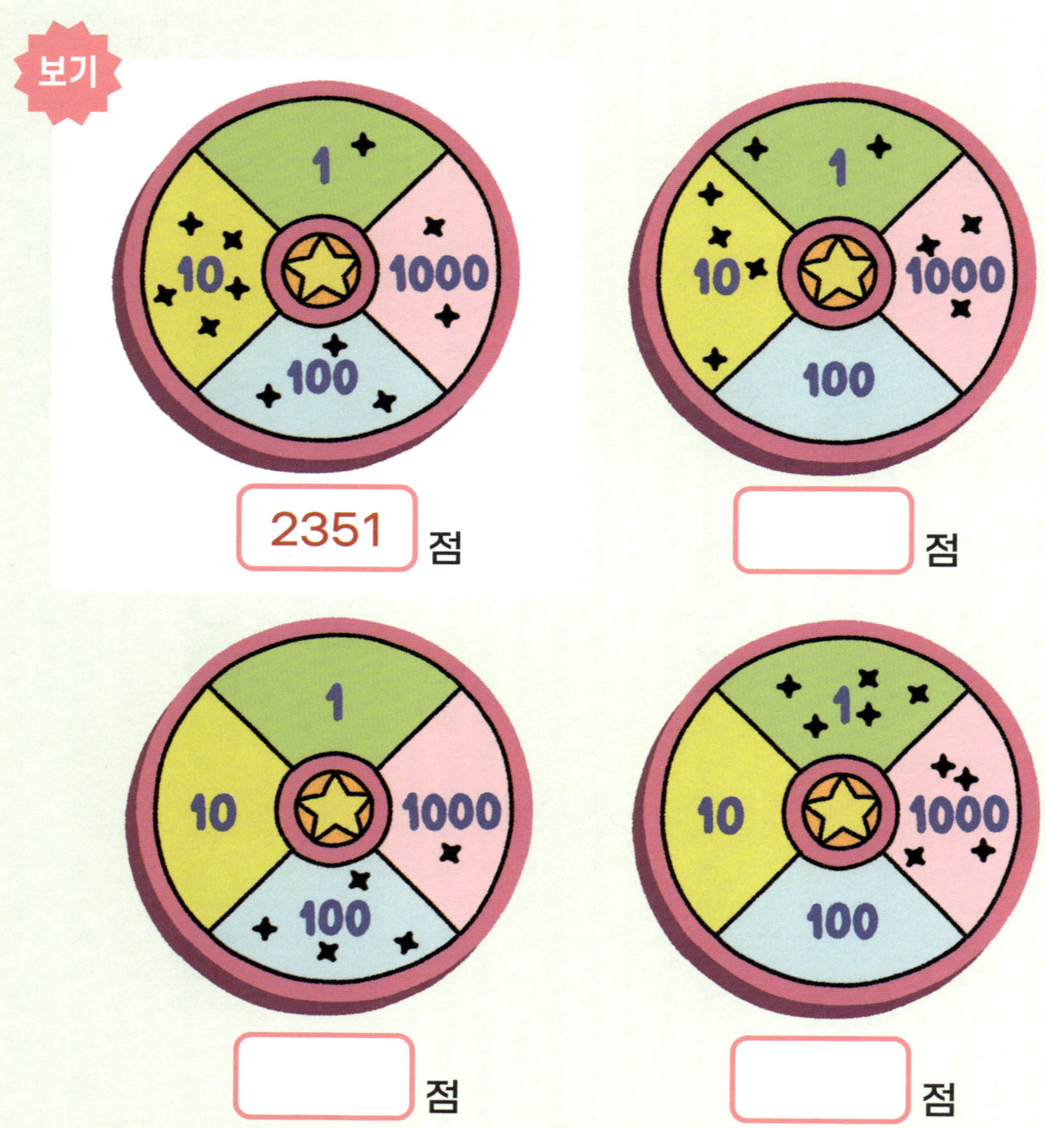

❷ 지호가 맞힌 다트판을 표로 정리했습니다. 점수를 계산하여 빈칸에 써 보세요.

1000	100	10	1	점수
3개	8개	5개	2개	점

1000	100	10	1	점수
2개	3개	0개	5개	점

1000	100	10	1	점수
4개	0개	1개	9개	점

자리에 맞게 수를 세요

1 시우, 서진, 재희가 뛰어 세기를 합니다. 다음 물음에 답하세요.

❶ 빈칸에 알맞은 수를 써 보세요.

❷ ❶번에서 마지막 칸의 수가 가장 큰 친구를 찾아 이름을 써 보세요.

❸ 빈칸에 알맞은 수를 써 보세요.

❹ **❸**번에서 마지막 칸의 수가 가장 큰 친구를 찾아 이름을 써 보세요.

2 [보기]와 같이 가지고 있는 동전을 사용해서 만들 수 있는 금액을 찾아 빈
칸에 써 보세요.

보기

1

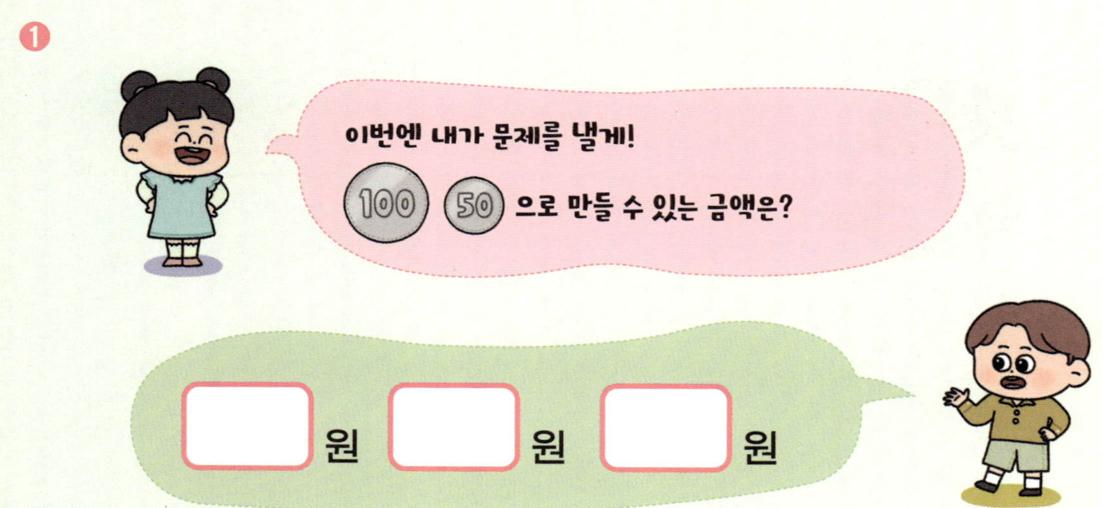

❷

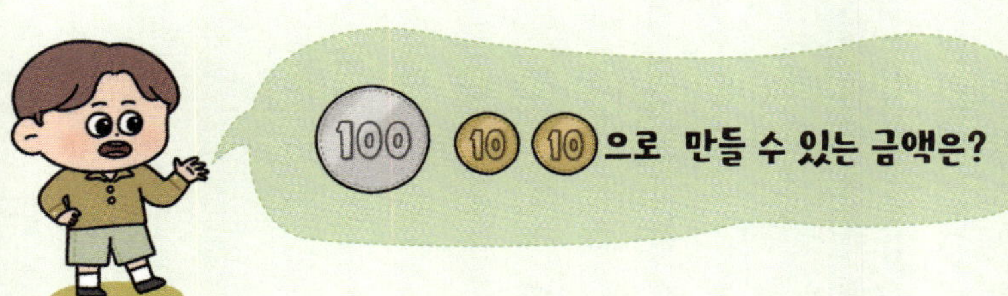

❸

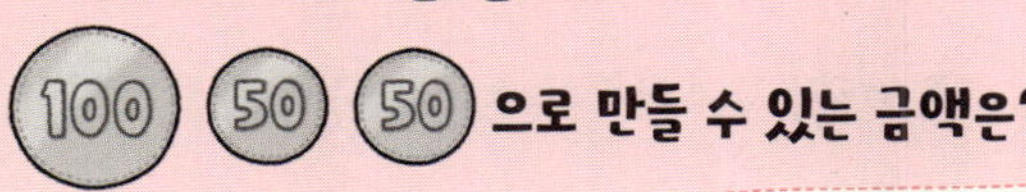

자리에 맞게 뛰어 세기 해요

1 오른쪽으로 갈수록 큰 수가 되는 뛰어 세기를 하고 있어요. 다음 물음에 답하세요.

❶ 469부터 10씩 뛰어서 세어 보세요.

| 469 | | | | | |

❷ 다음을 읽고 알맞은 말에 ○표 해 보세요.

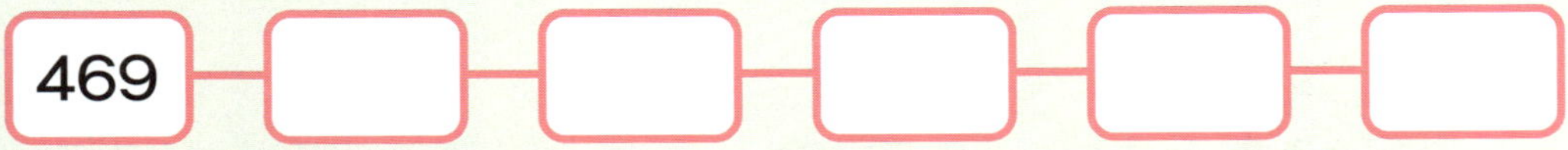

십의 자리 단위로 뛰어서 셀 때는 (일의 자리, 십의 자리, 백의 자리)
수는 변하지 않습니다.

❸ 은우 말에 따라 빈칸에 알맞은 숫자를 써 보세요.

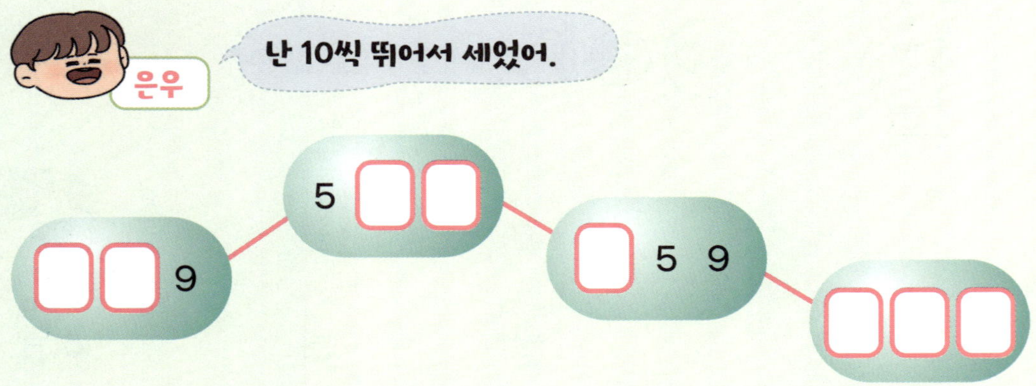

2 오른쪽으로 갈수록 큰 수가 되는 뛰어 세기를 하고 있어요. 빈칸에 알맞은 수를 써 보세요.

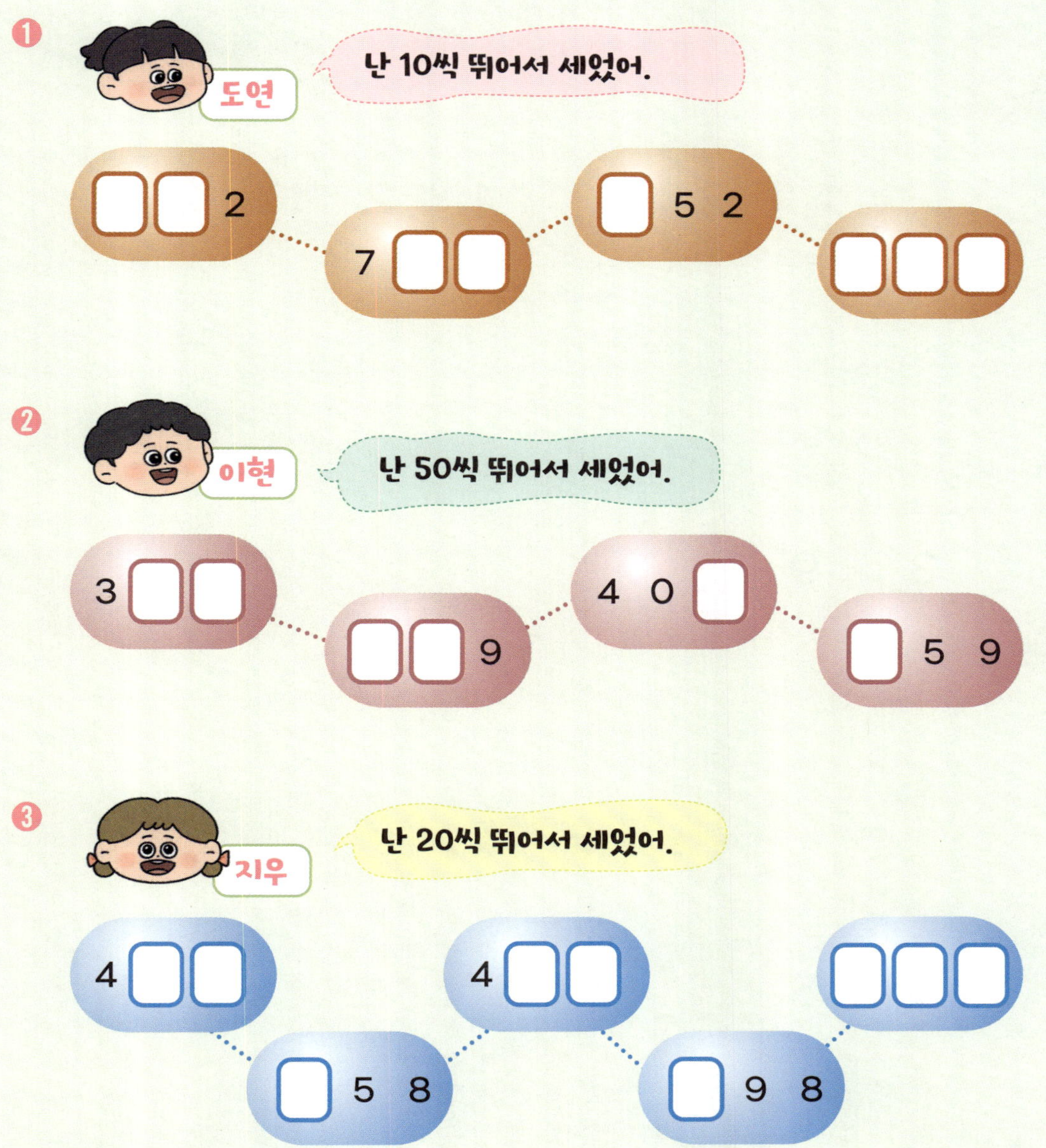

STEP 1

② 수를 만들고 비교해요

숫자를 가지고 수를 만들어요

1 다음 카드를 한 번씩만 사용해 만들 수 있는 수를 [보기]와 같이 써 보세요.

보기

①

②

2 다음 카드 중 두 장을 뽑아 만들 수 있는 모든 두 자리 수를 [보기]와 같이 써 보세요. (단, 십의 자리에 0은 올 수 없어요.)

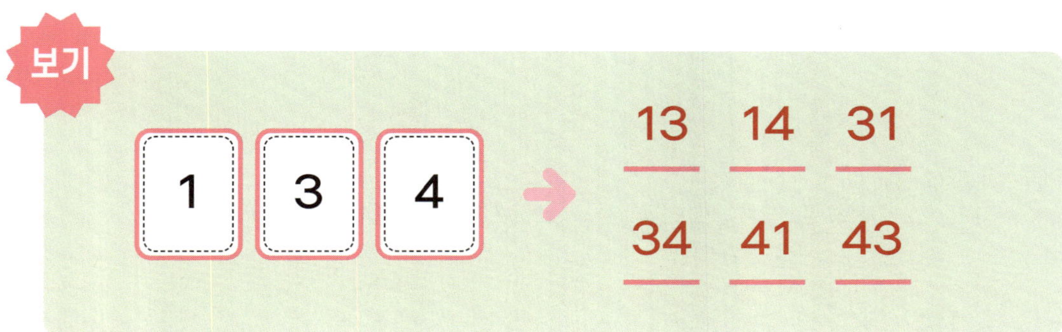

①

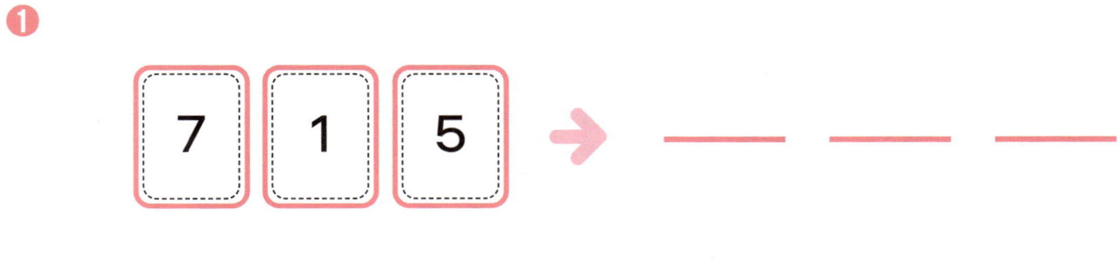

②

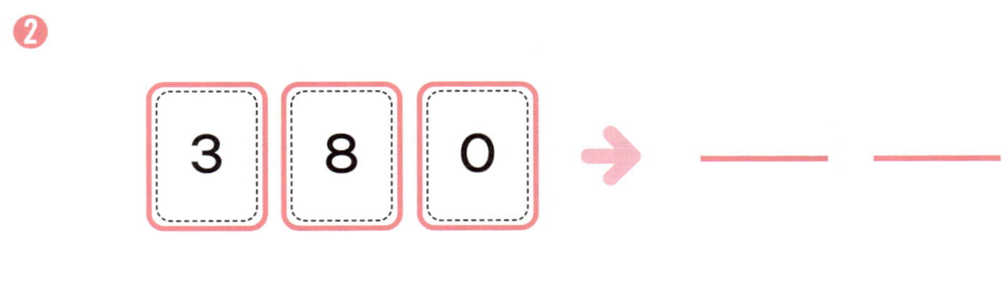

3 다음 카드 중 두 장을 뽑아 두 자리 수를 만들려고 해요. 물음에 답하세요.

❶ 만들 수 있는 두 자리 수 중 작은 수부터 순서대로 써 보세요.

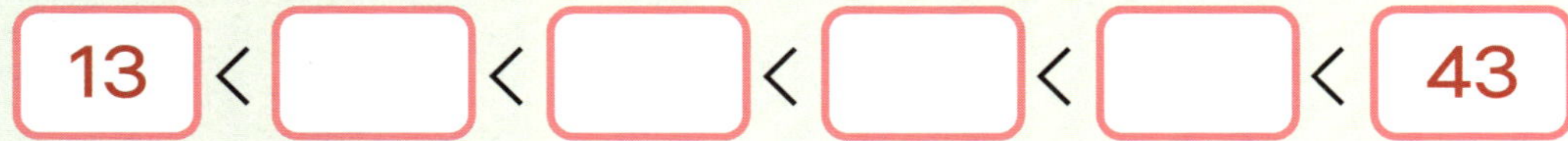

13 < ◻ < ◻ < ◻ < ◻ < 43

❷ 만들 수 있는 두 자리 수 중 가장 큰 수와 가장 작은 수를 써 보세요.

가장 큰 두 자리 수 ◻

가장 작은 두 자리 수 ◻

❸ 만들 수 있는 두 자리 수 중 둘째로 큰 수와 둘째로 작은 수를 써 보세요.

둘째로 큰 두 자리 수 ◻

둘째로 작은 두 자리 수 ◻

4 다음 카드를 한 번씩만 사용해 세 자리 수를 만들려고 해요. 물음에 답하세요. (단, 백의 자리에 0은 올 수 없어요.)

❶ 만들 수 있는 세 자리 수 중 작은 수부터 순서대로 써 보세요.

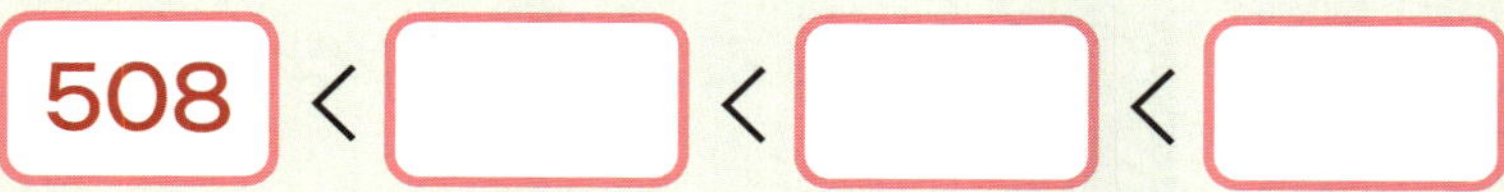

❷ 만들 수 있는 세 자리 수 중 가장 큰 수와 가장 작은 수를 써 보세요.

가장 큰 세 자리 수

가장 작은 세 자리 수

❸ 만들 수 있는 세 자리 수 중 둘째로 큰 수와 둘째로 작은 수를 써 보세요.

둘째로 큰 세 자리 수

둘째로 작은 세 자리 수

자리에 맞게 숫자를 채워요

1 다음 카드 중 두 장을 뽑아 두 자리 수를 만들려고 해요. 물음에 답하세요.
(단, 십의 자리에 0은 올 수 없어요.)

①

| 5 | 7 |
| 1 | 8 |

가장 큰 두 자리 수 [　　　]

가장 작은 두 자리 수 [　　　]

②

| 9 | 0 |
| 4 | 3 |

둘째로 큰 두 자리 수 [　　　]

둘째로 작은 두 자리 수 [　　　]

2 다음 카드 중 세 장을 뽑아 세 자리 수를 만들려고 해요. 물음에 답하세요.
(단, 백의 자리에 0은 올 수 없어요.)

①

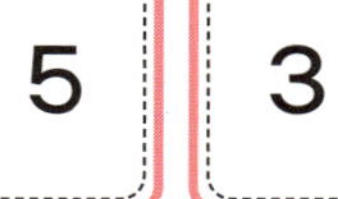

| 2 | 6 |
| 0 | 9 |

가장 큰 세 자리 수 [ ]

가장 작은 세 자리 수 [ ]

②

| 5 | 3 |
| 6 | 4 |

둘째로 큰 세 자리 수 [ ]

둘째로 작은 세 자리 수 [ ]

3 서로 다른 4개의 수를 가장 작은 수부터 줄 세우려고 해요. 숫자 중 일부는 □로 가려져 있고, □에는 1부터 9까지 수 중 하나가 들어가요. 빈칸에 기호를 써 보세요.

❶

㉡ → ☐ → ☐ → ☐

❷

☐ → ☐ → ☐ → ☐

4 각자 수 카드를 세 장씩 뽑아 세 자리 수를 만들었어요. 만든 수가 작은 순서대로 왼쪽부터 서 있어요. **?**로 가려진 카드에는 어떤 수가 적혀 있을지 찾아 써 보세요.

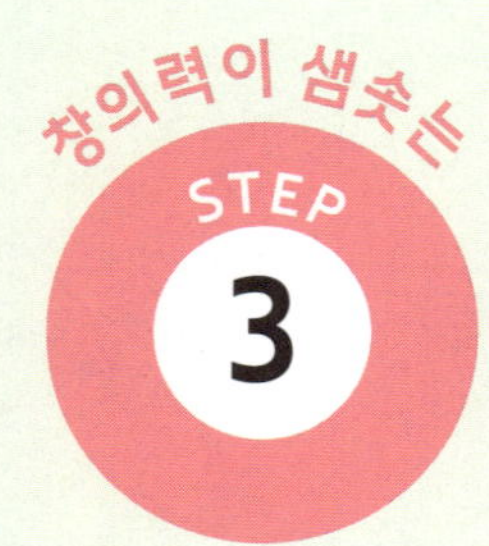

수를 줄 세우고 비교해요

1 친구들이 모여서 세 자리 수 카드를 하나씩 뽑았어요. 적혀 있는 수가 작은
카드를 뽑은 사람 순서대로 이름을 써 보세요.

❶

시윤				

❷

시윤				

창의력이 샘솟는

STEP 3

2 각자 손에 들고 있는 수 카드로 세 자리 수를 만들어 수 크기를 비교했어요. 왼쪽부터 작은 순서대로 줄을 서니 태연, 희수, 재희, 이안 순이었습니다. 각 친구들이 만든 세 자리 수가 무엇인지 찾아 빈칸에 써 보세요.

❶

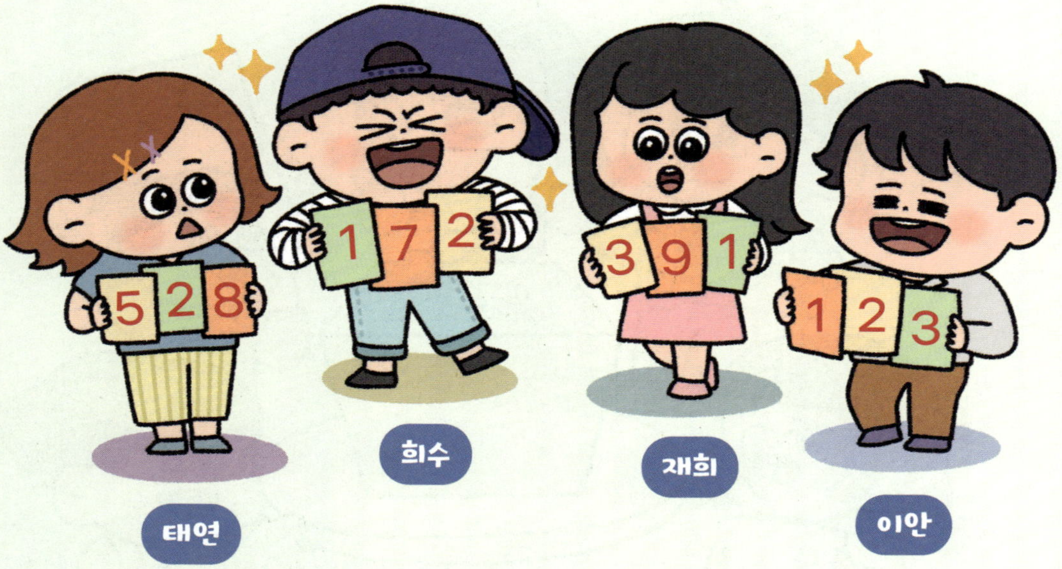

258	<		<		<	
태연		희수		재희		이안

❷

689	<		<		<	
태연		희수		재희		이안

❸ 수와 숫자를 함께 살펴요

숫자와 수를 함께 세요

1 다음 대화를 읽고 물음에 답하세요.

❶ 1쪽부터 15쪽까지는 모두 몇 쪽인지 빈칸에 알맞은 수를 써 보세요.

쪽

❷ 1쪽부터 10쪽까지는 모두 몇 쪽인지 빈칸에 알맞은 수를 써 보세요.

쪽

③ 시윤이는 어제 책을 3쪽부터 10쪽까지 읽었습니다. 시윤이가 어제 몇 쪽을
읽었는지 빈칸에 알맞은 수를 써 보세요.

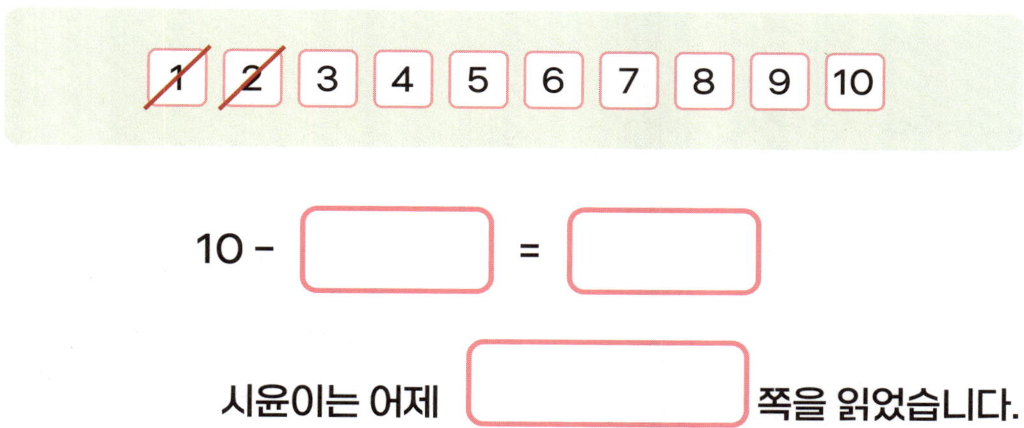

$$10 - \boxed{} = \boxed{}$$

시윤이는 어제 $\boxed{}$ 쪽을 읽었습니다.

④ 이수는 다음 날 소설책을 16쪽부터 24쪽까지 읽었습니다. 이수가 다음 날
몇 쪽을 읽었을지 빈칸에 알맞은 수를 써 보세요.

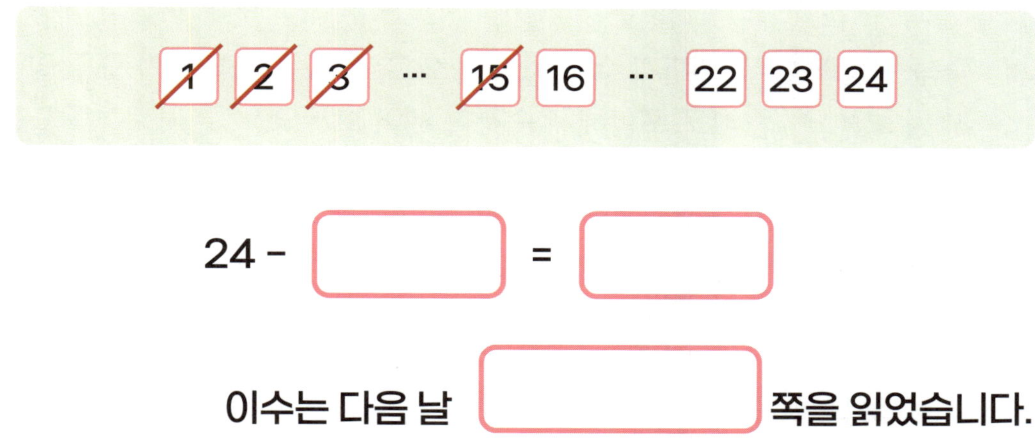

$$24 - \boxed{} = \boxed{}$$

이수는 다음 날 $\boxed{}$ 쪽을 읽었습니다.

2 연우는 20일 동안 쓴 수학 일기에 1부터 20까지 번호를 매겨 숫자 스티커를 붙이려고 합니다.

1 다음 빈칸에 1부터 9까지 수를 차례로 쓰고, 쓴 숫자 스티커가 모두 몇 개인지 써 보세요. (단, 1도 포함해서 숫자를 세어 보세요.)

개

❷ 다음 빈칸에 10부터 20까지 수를 차례로 쓰고, 쓴 숫자 스티커가 모두 몇 개인지 써 보세요. (단, 1과 0도 포함해서 숫자를 세어 보세요.)

1 0 □ □ □ □ □ □

□ □ □ □ □ □ □ □

□ □ □ □ □ □

□ 개

❸ 1부터 20까지 번호를 매기는 데 필요한 숫자 스티커는 모두 몇 개인지 써 보세요.

□ 개

숫자 사이에서 수를 찾아요

1 재희의 주간 계획표를 보고 물음에 답하세요.

날짜	요일	학습한 문제
12일	월	25번 ~ 37번
13일	화	38번 ~ 53번
14일	수	54번 ~ 65번
15일	목	66번 ~ 80번
16일	금	81번 ~ 100번

❶ 재희가 월요일에 학습한 문제 수를 빈칸에 알맞게 써 보세요.

$$37 - \boxed{} = \boxed{}$$

재희는 월요일에 $\boxed{}$ 문제를 풀었습니다.

❷ 재희가 월요일부터 금요일까지 학습한 문제 수를 빈칸에 알맞게 써 보세요.

요일	월	화	수	목	금
문제 수 (문제)					

2 다음과 같이 사물함에 1번부터 24번까지 꽃 모양 번호 스티커를 붙이려고 합니다. 물음에 답하세요.

❶ 1층에는 ❶번부터 ❽번까지의 번호 스티커를 붙입니다. 1층에 붙이는 번호 스티커의 개수는 몇 개인지 구해 보세요. (단, 1번도 포함해서 숫자를 세어 보세요.)

개

40

② 2층에는 9번부터 16번까지의 번호 스티커를 붙입니다. 2층에 붙이는 번호 스티커의 개수는 몇 개인지 구해 보세요.

개

③ 3층에는 17번부터 24번까지의 번호 스티커를 붙입니다. 3층에 붙이는 번호 스티커의 개수는 몇 개인지 구해 보세요.

개

④ 1번부터 24번까지의 번호 스티커를 붙이는 데 필요한 번호 스티커의 개수는 모두 몇 개인지 구해 보세요.

개

규칙에 따라 숫자와 수를 살펴요

1 2학년 학생 50명이 운동장에 모여 있습니다. 1번부터 50번까지 번호를 정한 뒤 자기 번호에 맞는 공을 받습니다. 7번은 7 공을, 45번은 4 공과 5 공을 받게 됩니다. 다음 물음에 답하세요.

❶ 5 공을 받게 되는 학생들의 번호를 모두 쓴 뒤, 몇 명인지 세어 보세요.

명

❷ **⑤** 공은 모두 몇 개 필요한지 써 보세요.

개

❸ **①** 공을 받는 학생들의 번호를 모두 쓴 뒤, 몇 명인지 세어 보세요.

명

❹ **①** 공은 모두 몇 개 필요한지 써 보세요.

개

2 이수는 친구들과 50부터 99까지 차례로 수 부르기를 하고 있습니다. (단, 수를 부를 때 9가 들어가면 9는 부르지 않고 9 대신 박수를 쳐야 합니다. 수를 부를 때 6이 들어가면 6은 부르지 않고 6 대신 만세를 불러야 합니다.)

1 50부터 99까지의 수 중 9가 들어 있는 수를 모두 써 보세요.

❷ 이수와 친구들이 50부터 99까지 모두 부른다면 박수는 모두 몇 번을 치게 되는지 써 보세요. (단, 박수는 9가 들어 있는 개수만큼 칩니다.)

번

❸ 50부터 99까지의 수 중 6이 들어 있는 수를 모두 써 보세요.

❹ 이수와 친구들이 50부터 99까지 모두 부른다면 만세는 모두 몇 번을 부르게 되는지 써 보세요. (단, 만세는 6이 들어 있는 개수만큼 부릅니다.)

번

덧셈과 뺄셈을 이해하면

1. 두 자리 수를 셈해요
2. 세 자리 수를 셈해요
3. 상황을 읽고 셈해요
4. 그림을 보고 셈해요
5. 규칙을 보고 셈해요
6. 덧셈식과 뺄셈식을 완성해요

① 두 자리 수를 셈해요

두 자리 수를 더하고 빼요

1 스티커를 넣고 손잡이를 돌리면 새로운 스티커가 나옵니다. 스티커의 빈칸에 알맞은 수를 써 보세요.

❶

❷

2  이벤트 도중에 기계가 고장이 나서 스티커 점수가 어떻게 변하는지 화면에 나오지 않았어요. 화면의 빈칸에 알맞은 수를 써 보세요.

❶

❷

❸

3 알뜰시장에서 파는 상품과 구매 시 필요한 스티커 수를 보고 물음에 답하세요. (단, 상품은 스티커 속 점수의 합과 가격이 같을 때만 살 수 있어요.)

❶ 연우는 축구공을 사고 남은 스티커를 모두 사용해 물건 2개를 더 사려고 합니다. 어떤 물건을 살 수 있는지 다음 빈칸에 써 보세요.

살 수 있는 물건	스티커 점수
축구공	20 + 23 = 43

❷ 도연이도 아래 스티커를 모두 사용해 물건을 3개 사려고 합니다. 어떤 물건을 살 수 있는지 다음 빈칸에 써 보세요.

살 수 있는 물건	스티커 점수

규칙에 따라 두 자리 수를 셈해요

1 개미가 집으로 가는 길에 사탕을 주워 가려고 합니다. [보기]와는 다른 길을 찾아 개미가 얻은 사탕 개수를 구하세요. (단, 한 번 지난 길은 다시 지나갈 수 없습니다.)

이 길로 가면 개미는 모두 58(=4+15+23+16)개
사탕을 얻을 수 있어요.

개미가 얻은 사탕 　　　　 개

개미가 얻은 사탕 　　　　 개

개미가 얻은 사탕 　　　　 개

2 [보기]와 같이 수 배열표에서 위아래 양옆의 이웃한 세 수를 더하여 새로운 수를 만들어 보세요.

보기

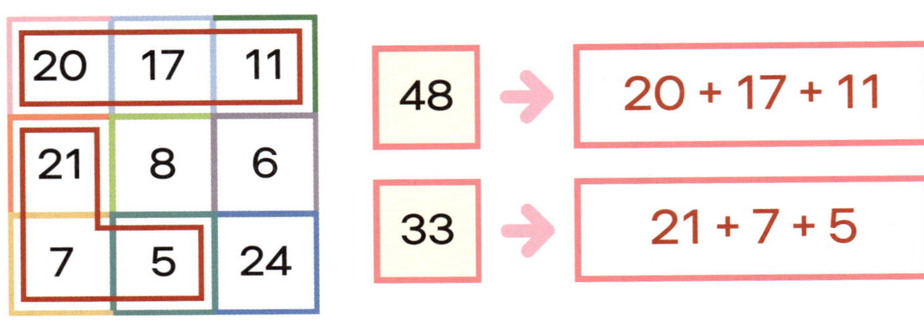

①

❷

7	14	6
16	12	14
7	10	17

27 →

43 →

❸

23	12	11
24	5	15
13	17	9

38 →

42 →

3 [보기]와 같이 빈칸에 알맞은 수를 써 보세요.

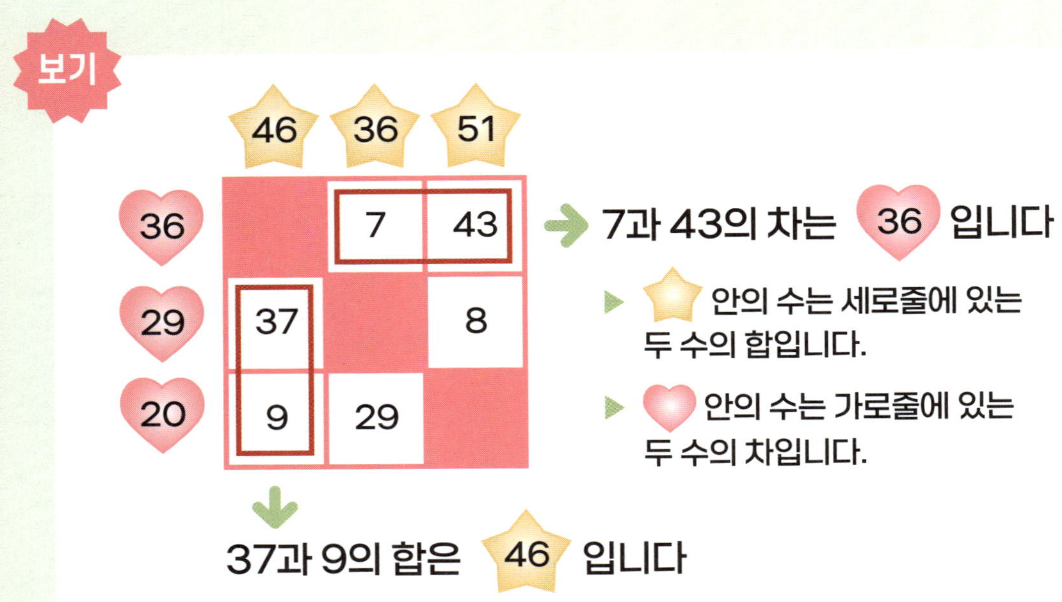

❶

2

3

모양을 살피며 두자리 수를 셈해요

1 [보기]와 같이 성냥개비 1개만을 옮겨서 올바른 수를 만들어 보세요.

성냥개비를 이용해 다음과 같이
0부터 9까지의 수를 만들 수 있습니다.

보기

1개 옮겨 가장 작은 수 만들기

1개 옮겨 가장 큰 수 만들기

1개 옮겨 가장 큰 수 만들기

1개 옮겨 가장 작은 수 만들기

2 [보기]와 같이 성냥개비를 1개 옮겨서 올바른 식을 만들어 보세요.

보기

3 + 5 = 6 ➜ 3 + 3 = 6

① 6 - 6 = 6 ➜ 6 - 6 = 6

② 3 + 5 = 7 ➜ 3 + 5 = 7

3 [보기]와 같이 성냥개비를 1개 옮겨서 올바른 식을 만들어 보세요.

보기

5+6=3 ➜ 9+6=3

① 8+9=8 ➜ 8+9=8

② 4-9=7 ➜ 4-9=7

❸

72+3=65

➡ 72+3=65

❹

95-46=19

➡ 95-46=19

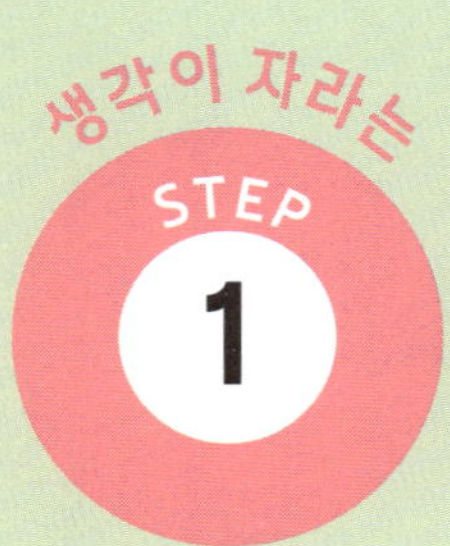

생각이 자라는 STEP 1

❷ 세 자리 수를 셈해요

세 자리 수를 더하고 빼요

1 서원이네 가족이 등산을 가려고 합니다. 다음 지도를 보고 물음에 답하세요.

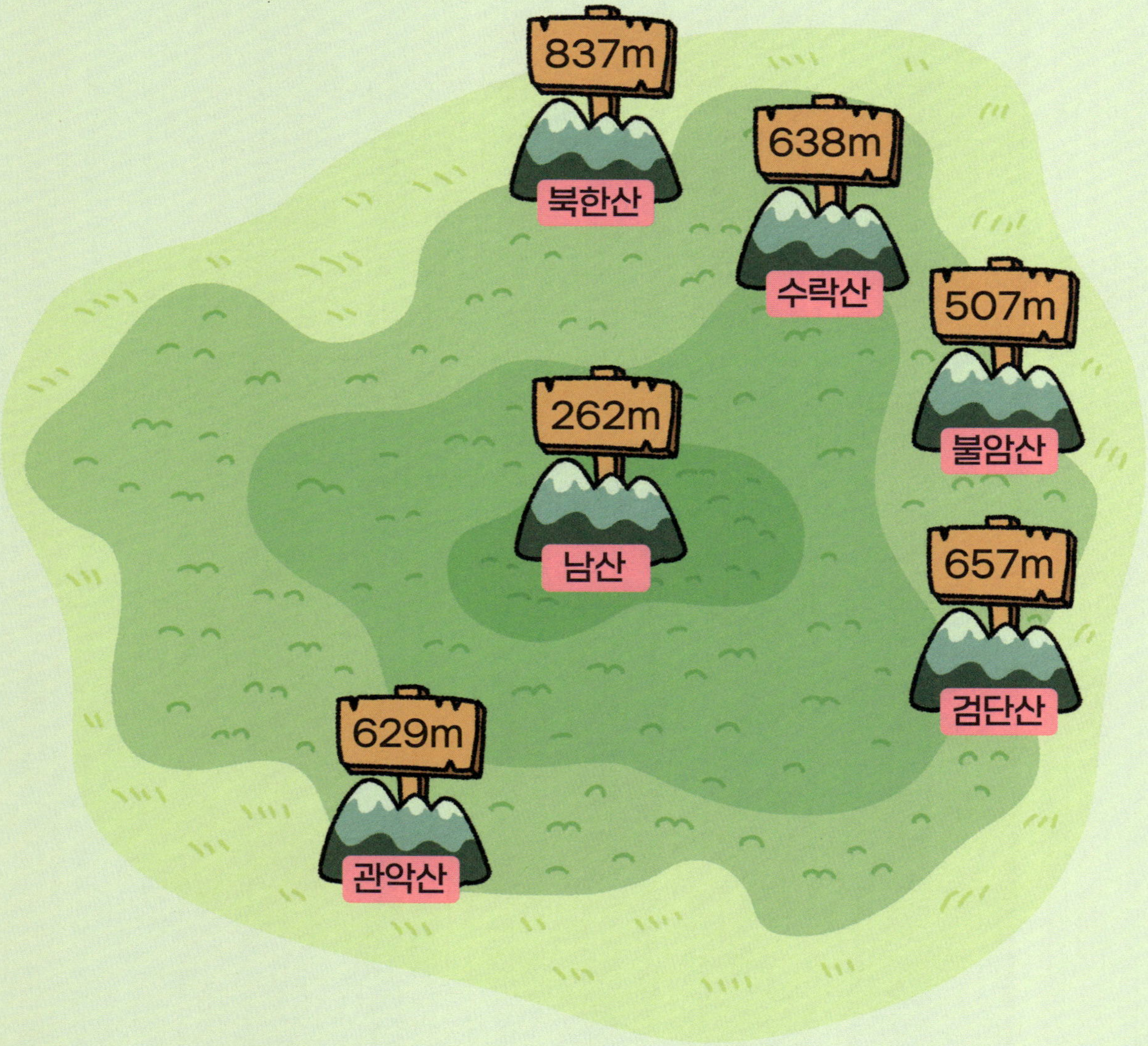

1. 서원이네 가족은 남산과 검단산을 등산했습니다. 남산과 검단산의 높이의 합은 얼마인지 구하세요.

m

2. 가장 높은 산과 가장 낮은 산은 어디인지 지도에서 이름을 찾아 써 보세요.

가장 높은 산

가장 낮은 산

3. 가장 높은 산과 가장 낮은 산의 높이는 몇 m만큼 차이 나는지 구하세요.

m

2 서원이와 친구들은 경주 문화유산을 탐방하고 있어요. 다음 문화유산 사진을 보고 물음에 답하세요.

불국사
(751년)

분황사
(634년)

첨성대
(647년)

선덕대왕 신종
(771년)

1 가장 먼저 만들어진 문화유산부터 차례로 써 보세요.

2 분황사를 만들고 몇 년 뒤에 불국사가 만들어졌는지 써 보세요.

 년 뒤

3 첨성대는 선덕대왕 신종보다 몇 년 앞서 만들어졌는지 써 보세요.

 년 전

규칙에 따라 세 자리 수를 셈해요

1 숫자 공 4개로 두 자리 수를 2개 만들고, 주사위를 던져 나온 연산 기호를 사용해 계산한 값이 가장 큰 수와 가장 작은 수가 되도록 [보기]와 같이 써 보세요.

❶

❷

66

2 숫자 공 4개로 두 자리 수를 2개 만들고, 주사위를 던져 나온 연산 기호를 사용해 계산한 값이 가장 큰 수와 가장 작은 수가 되도록 빈칸에 써 보세요.

❶

2 6 8 3

가장 큰 수

가장 작은 수

❷

7 9 6 3

가장 큰 수

가장 작은 수

응용력이 커지는 STEP 2

3 다음 수 카드를 한 번씩 모두 사용해 식 3개를 만들려고 합니다. 빈 카드에 알맞은 수를 써 보세요.

❶

17	28	37	48	
63	72	85	89	91

28 + 63 = 91

☐ + 48 = ☐

17 + ☐ = ☐

❷

178	379	123	328	978	155
259	674	425	545	146	632

$178 + \boxed{} = 155 + 146$

$379 + 425 = \boxed{} + 545$

$\boxed{} + 978 = \boxed{} + 632$

STEP 3 100으로 묶어 세 자리 수를 셈해요

1 다음 계산을 세로셈이 아닌 다른 방법으로 계산하려고 합니다. 빈칸에 알맞은 수를 써 보세요.

❶ 548 + 36 = 548 + 40 − □
     40 − □
            = 588 − □
            = □

❷ 674 + 87 = 674 + 100 − □
     100 − □
            = 774 − □
            = □

❸ 368 + 579 = 368 + 600 − □
     600 − □
            = □ − □
            = □

❹ 731 − 83 = 731 − 100 + ☐

100 − ☐ = 631 + ☐

= ☐

❺ 542 − 268 = 542 − 300 + ☐

300 − ☐ = ☐ + ☐

= ☐

2 다음 계산을 세로셈이 아닌 다른 방법으로 계산하고, 그 과정을 써 보세요.

❶ 456 + 279 =

❷ 621 − 457 =

❸ 상황을 읽고 셈해요

상황을 살피며 더하고 빼요

1 다음 이야기를 읽고 물음에 답하세요.

아기 돼지 삼형제가 각각 집을 지어요.
첫째 돼지는 볏짚 156묶음으로 집을 짓다가,
57묶음을 더 가져다가 집을 완성했습니다.
둘째 돼지는 나무토막 325개로 집을 짓기 시작했는데,
완성하고 보니 58개가 남아 있었어요.
셋째 돼지는 벽돌로 3일 동안 집을 지었어요.
첫째 날에는 벽돌 85개, 둘째 날에는 벽돌 96개,
셋째 날에는 벽돌 119개를 쌓아 집을 완성했어요.
얼마 뒤 늑대가 삼형제를 찾아왔지만,
셋째 돼지의 튼튼한 벽돌집에 숨어 함께 위기를 넘겼답니다.

❶ 첫째 돼지가 집을 만드는 데 사용한 볏짚은 모두 몇 묶음인지 써 보세요.

식 ____________________   묶음

❷ 둘째 돼지가 집을 만드는 데 사용한 나무토막은 모두 몇 개인지 써 보세요.

식 ____________________   개

❸ 셋째 돼지가 집을 만드는 데 사용한 벽돌은 모두 몇 개인지 써 보세요.

식 ____________________   개

상황을 살피며 셈해요

1 다음 전래동화를 읽고 물음에 답하세요.

어느 마을에 마음씨 착하고 의좋은 형제가 살았어요.
형제는 함께 농사를 짓고서, 추수한 쌀 중
형은 쌀 76가마를, 동생은 쌀 58가마를 가져갔어요.
형은 동생에게 쌀이 부족할까 싶어서,
자기 쌀 중에서 19가마를 몰래 동생 집에 가져다 놓았어요.
다음 날 동생은 쌀이 너무 많은 것 같아,
자기 쌀 중에서 18가마를 몰래 형 집에 가져다 놓았어요.
형제는 서로에게 쌀을 나누어 준 사실을 알고
더욱 우애 좋은 사이가 되었답니다.

❶ 두 형제가 추수하고 얻은 쌀은 모두 몇 가마인지 써 보세요.

식 ________________________   가마

❷ 형이 동생에게 쌀을 주었습니다. 형에게 남은 쌀은 모두 몇 가마인지 써 보세요.

식 ________________________   가마

❸ 다음 날 동생도 형에게 쌀을 주었습니다. 동생에게 남은 쌀은 모두 몇 가마인지 써 보세요.

식 ________________________   가마

❹ 마지막에 형에게 남은 쌀은 모두 몇 가마인지 써 보세요.

식 ________________________   가마

2 다음 글을 읽고 물음에 답하세요.

❶ 오후 1시에 주차장에서 차가 빠져 나간 뒤, 주차장에 남은 차는 모두 몇 대인지 써 보세요.

식 ________________________ 　　　　　 대

❷ 오후 6시에 주차장으로 차가 들어온 뒤, 주차장에 주차된 차는 모두 몇 대인지 써 보세요.

식 ________________________ 　　　　　 대

3 다음 글을 읽고 물음에 답하세요.

❶ 정원이네 학교 2학년 학생은 모두 몇 명인지 써 보세요. (단, 2학년 학생 모두가 빠짐없이 회장 선거에 참여했습니다.)

식 __________________________ 　　　　명

❷ 정원이는 지원이보다 몇 표를 더 얻었는지 써 보세요.

식 __________________________ 　　　　표

상황을 살피며 차례로 셈해요

1 다음 글을 읽고 물음에 답하세요.

성연이는 학교 대표로 볼링 대회에 나가게 되었어요.
그래서 가족들과 함께 볼링장에 가서 연습을 했어요.
월요일에 아빠는 215점, 엄마는 153점, 성연이는 91점을 얻었어요.
화요일에 아빠는 204점, 엄마는 162점, 성연이는 103점을 얻었어요.
며칠 뒤 볼링 대회가 열리고 성연이는 결승까지 올라갔습니다.
결승전에서 성연이는 2살 많은 이수 오빠와 시합을 했고
이수 오빠가 104점, 성연이는 127점을 얻어 성연이가 우승했답니다.

❶ 성연이네 가족이 얻은 볼링 점수를 써 보세요.

점수 \ 요일	월요일	화요일
아빠의 점수(점)		
엄마의 점수(점)		
성연의 점수(점)		

❷ 월요일에 아빠는 성연이보다 얼마나 많은 점수를 얻었는지 써 보세요.

 점

❸ 성연이네 가족이 얻은 점수의 총합은 어느 요일이 몇 점 더 높은지 써 보세요.

 요일 점

❹ 볼링 대회 결승에서 성연이는 이수 오빠보다 몇 점을 더 얻었는지 써 보세요.

 점

2 다음 글을 읽고 물음에 답하세요.

재희, 지우, 연우가 셋이서 영화를 보러 갔어요.
연우는 매표소로 가서 직원과 이렇게 이야기 나눴습니다.
"<미니언즈>를 보려고 하는데, 영화가 몇 시에 시작하나요?"
"1관에서는 2시에 시작하고, 2관에서는 2시 30분에 시작합니다.
2시에 시작하는 영화는 234석 중에서 48석이 남았고,
2시 30분에 시작하는 영화는 186석 중에서 110석이 남았습니다."
직원의 말을 듣고 연우는 이렇게 결정했어요.
"그럼 2시 30분 영화로 표 3장 주세요."

❶ 다음 표를 채우세요.

	시작 시각	전체 좌석 수(석)	남은 좌석 수(석)
1관			
2관			

❷ 연우가 표를 사기 전, 2시 30분 영화의 좌석은 얼마나 팔렸는지 써 보세요.

석

❸ 2시 영화가 시작한 다음, 남아 있는 표의 수는 48장이었습니다. 2시 영화를 본 사람은 모두 몇 명인지 써 보세요. (단, 표를 산 사람은 모두 영화를 보았습니다.)

명

❹ 그림을 보고 셈해요

그림을 살피며 더하고 빼요

1   동물들의 운동복에는 서로 다른 등 번호가 적혀 있습니다. 다음 식을 보고 동물들에게 맞는 등 번호를 운동복에 써 보세요.

❶

❷

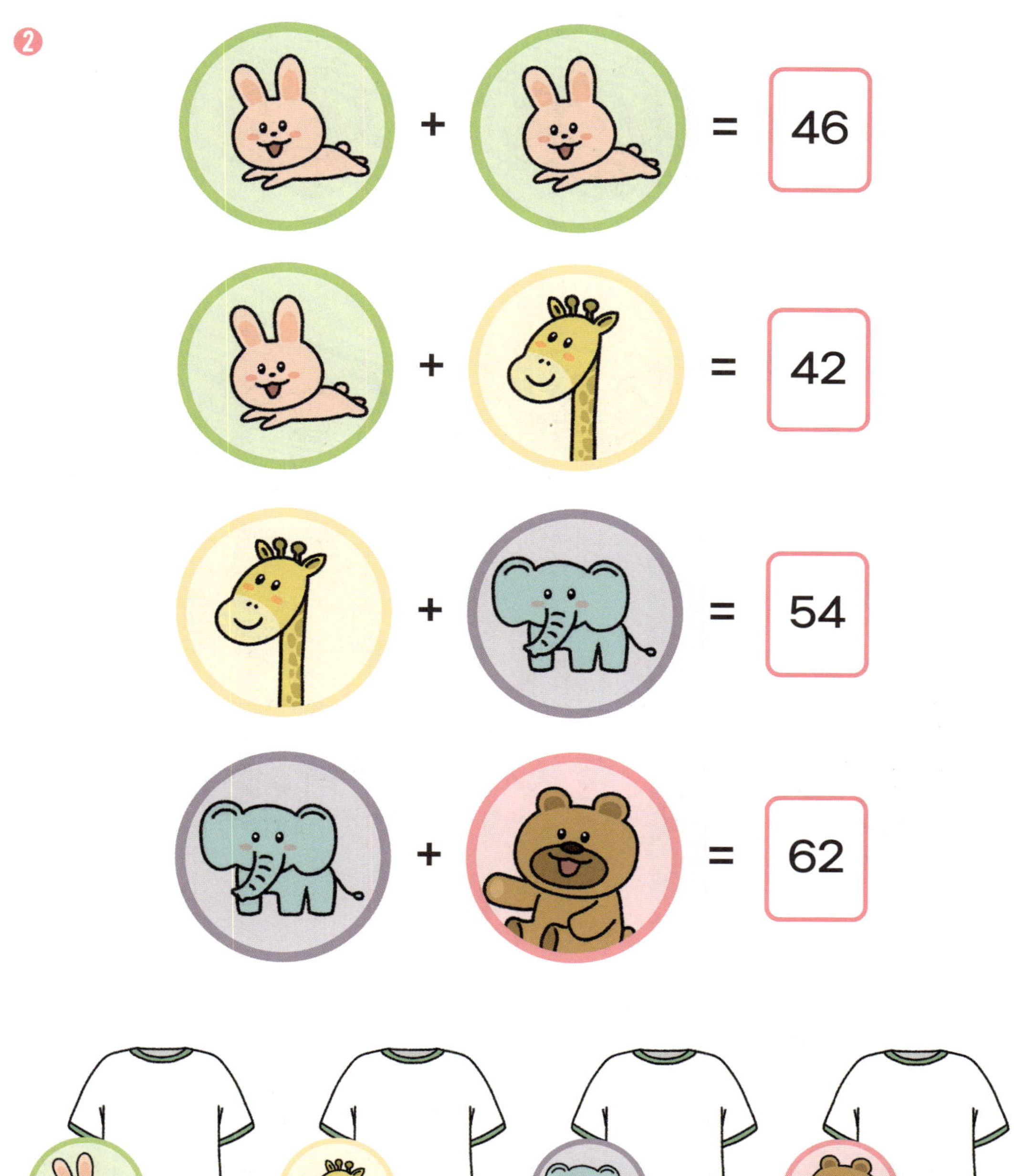

❸

4

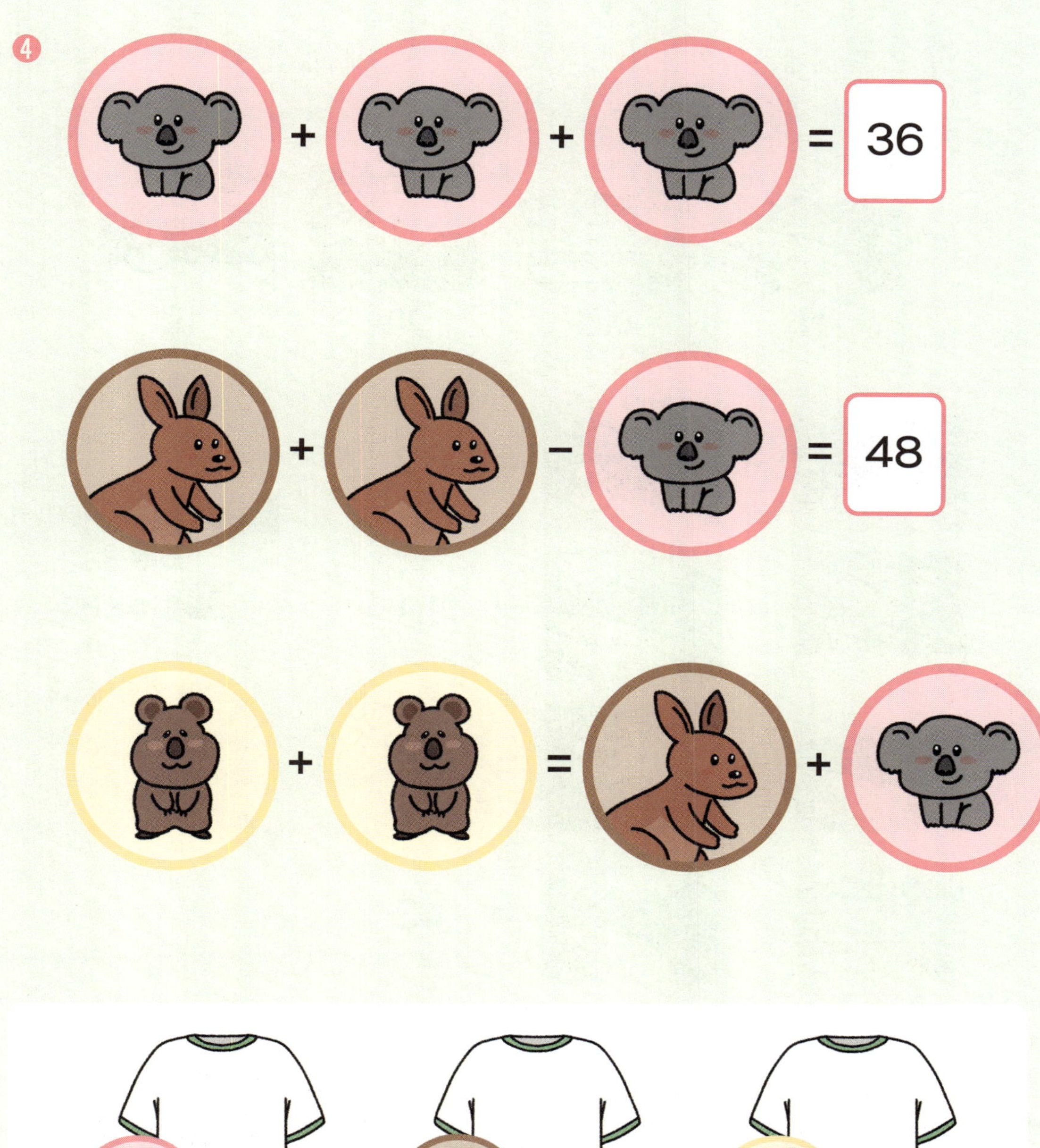

그림을 살피며 셈해요

1 그림 카드 뒤에는 수가 쓰여 있어요. 다음 식을 보고 각 카드에는 어떤 수가 쓰여 있는지 빈칸에 알맞은 수를 써 보세요.

❶

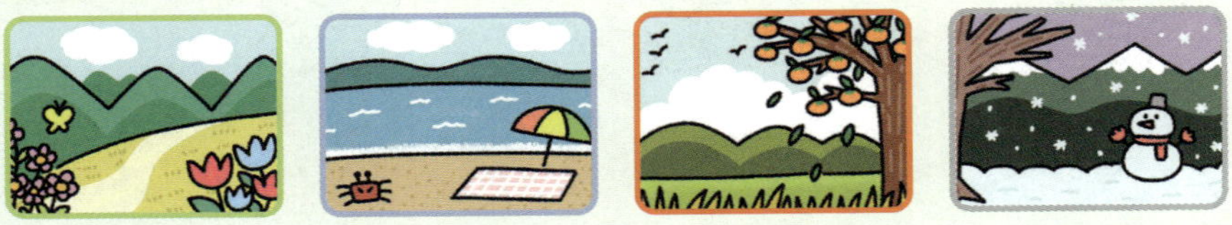

| 봄 | 여름 | 가을 | 겨울 |

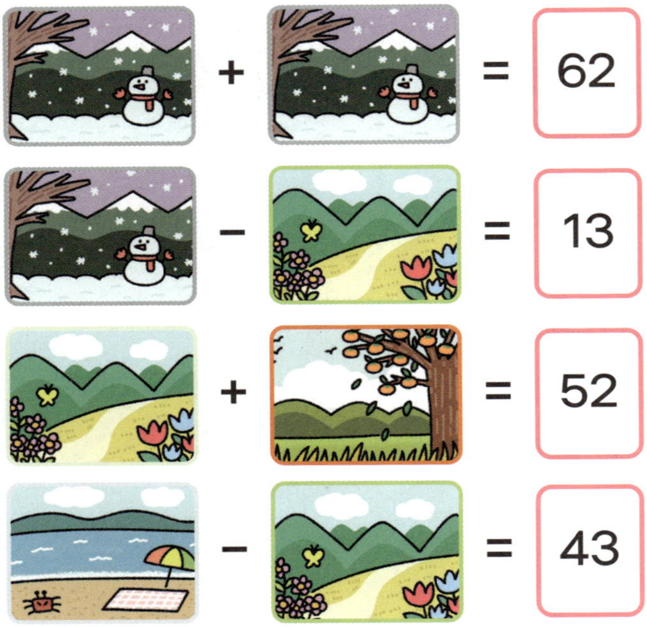

+ = 62

− = 13

+ = 52

− = 43

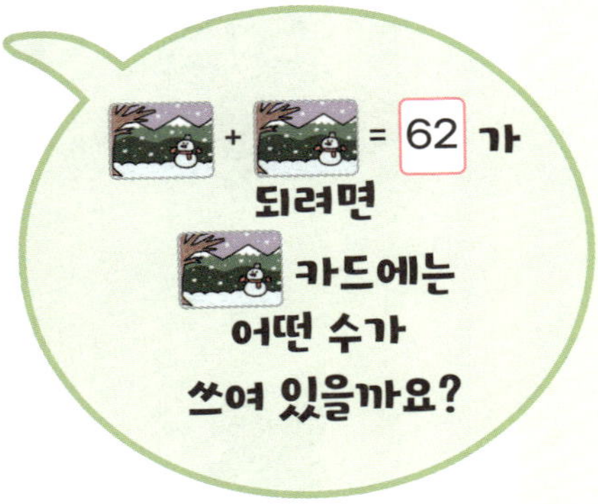

②

응용력이 커지는 STEP 2

③

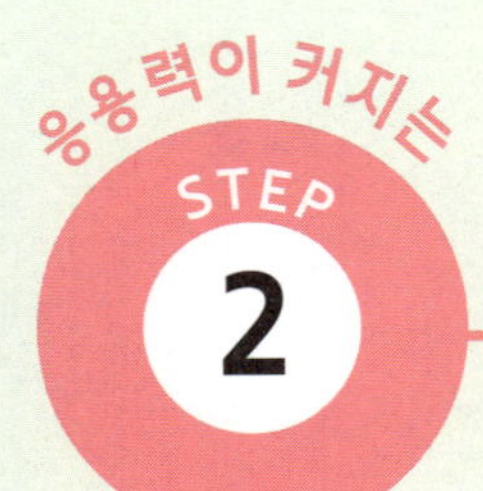

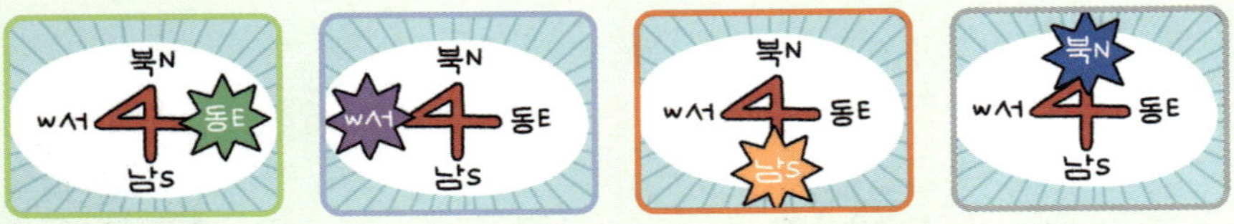

동 서 남 북

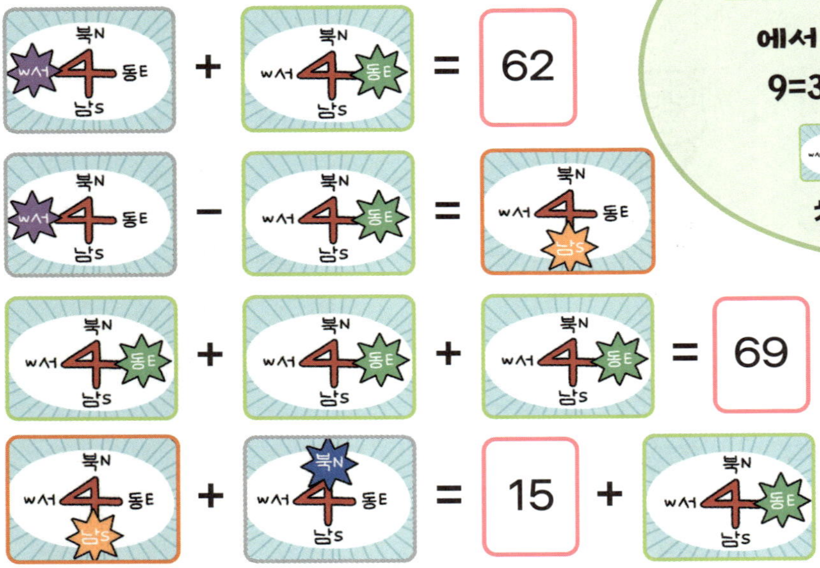

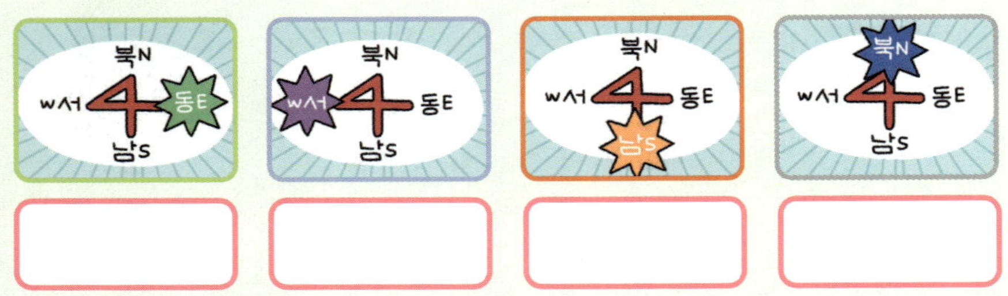

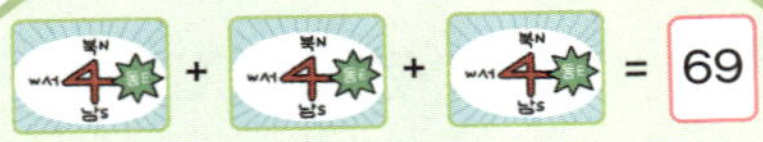

에서 60=20+20+20,

9=3+3+3을 이용하면

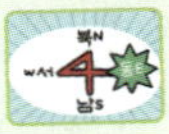 카드의 수를

찾을 수 있어요!

 ④

 삼총사 1  삼총사 2  삼총사 3  달타냥

 +  =  + 

 +  = 100

 +  = 120

 −  = 30

 +  =  + 

STEP 3 그림을 살피며 차례로 셈해요

1 탁자 위에 놓인 카드를 각자 한 장 뽑아서 보이지 않게 가지고 있습니다. 다음을 보고 뽑은 카드에 적힌 수가 무엇인지 빈 카드에 써넣어 보세요.

❶

> ▶ 마주 보는 수들의 합은 153입니다.
> ▶ 77은 64의 오른쪽에 있습니다.

❷

> 63은 58의 왼쪽에 있습니다.

> 63과 마주 보는 수의 합은 141입니다.

> 58과 마주 보는 수의 합은 125입니다.

❸

▶ 47의 양옆에는 75가 없습니다.

▶ 66은 75의 왼쪽에 있습니다.

▶ 마주 보는 수들의 합은 모두 같습니다.

4

▶ 55와 마주 보는 수의 합은 112입니다.

▶ 55는 34의 왼쪽에 있습니다.

▶ 카드 4장의 수들의 합은 200입니다.

⑤ 규칙을 보고 셈해요

규칙을 살피며 더하고 빼요

1 저울 위에 장난감을 올리면 장난감의 진짜 무게보다 더 큰 수 또는 더 작은 수로 나타나는 규칙이 있습니다. 저울에 나타난 수를 보고 규칙을 찾아 □ 안에 알맞게 쓰고, 빈 저울에도 알맞은 수를 써 보세요.

보기

빨간색 저울은 원래 무게보다 **13**만큼 더 **큰** 수를 나타냅니다.

❶

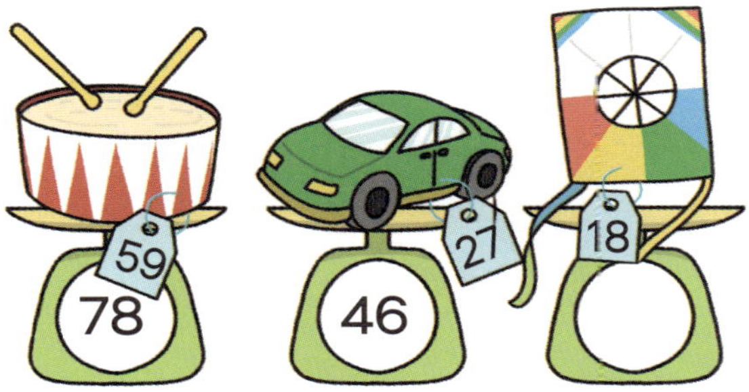

연두색 저울은 원래 무게보다 ☐ 만큼 더 ☐ 수를 나타냅니다.

❷

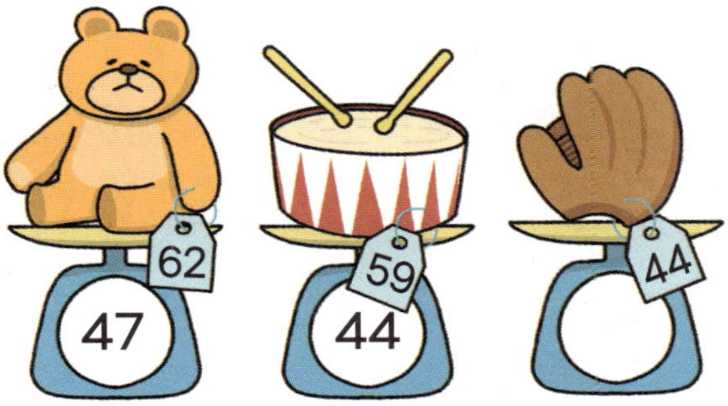

파란색 저울은 원래 무게보다 ☐ 만큼 더 ☐ 수를 나타냅니다.

❸

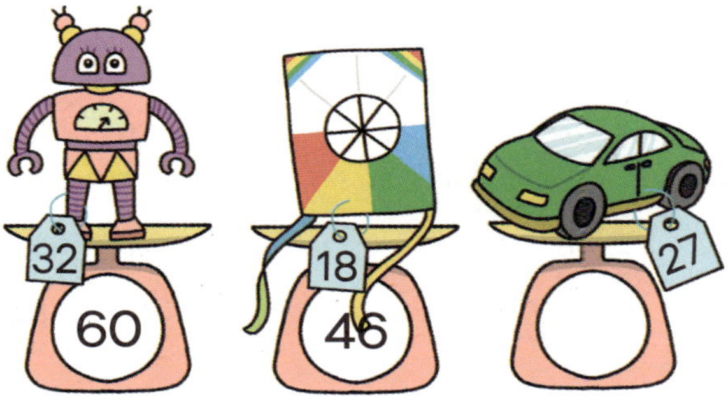

분홍색 저울은 원래 무게보다 ☐ 만큼 더 ☐ 수를 나타냅니다.

2 넣으면 물건의 개수가 많아지는 상자가 있습니다. [보기]를 보고 규칙을 찾아 상자에 물건을 넣으면 몇 개가 나오는지 빈칸에 써 보세요.

① 보기

개

2
보기

이번엔 구슬 17개를
상자에 넣었더니
82개가 되었어!
28개를
넣었을 때 93개가
되었고!

난 구슬을
22개 넣어 봐야지.

개

규칙을 살피며 셈해요

1 [보기]와 같이 정해진 규칙대로 수를 바꿔 주는 로봇이 있습니다. 규칙을 찾아 빈칸에 알맞은 수를 써 보세요. (단, 로봇은 색깔마다 규칙이 다릅니다.)

보기

▶ 입력한 수보다 290 큰 수가 나옵니다.
▶ 백의 자리 숫자는 3 커지고, 십의 자리 숫자는 1 작아집니다.

▶ 입력한 수보다 220 작은 수가 나옵니다.
▶ 백의 자리 숫자는 2 작아지고, 십의 자리 숫자도 2 작아집니다.

1

❷

❸

4

5

STEP 3 규칙을 살피며 차례로 셈해요

1 규칙을 찾아 ❓의 자리에 알맞은 수를 써 보세요.

① 156 132 108 84 ❓

❓ = ☐

② 56 78 ❓ 122 144

❓ = ☐

③ 111 123 136 150 ❓

❓ = ☐

2 규칙을 찾아 **?** 의 자리에 알맞은 수를 써 보세요.

❶   123   314   156   617   18**?**

? =

❷   212   224   339   428   32**?**

? =

❸   213   325   437   167   3**?**8

? =

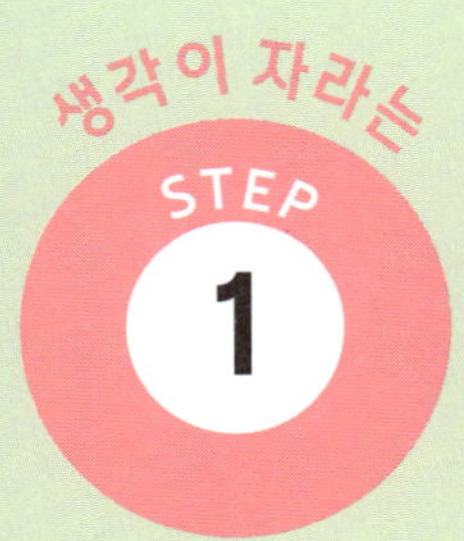

생각이 자라는 STEP 1

⑥ 덧셈식과 뺄셈식을 완성해요

빈칸을 채우며 셈을 완성해요

1 벌레 먹은 나뭇잎의 빈칸에 알맞은 수를 쓰고 식을 완성해 보세요.

❶

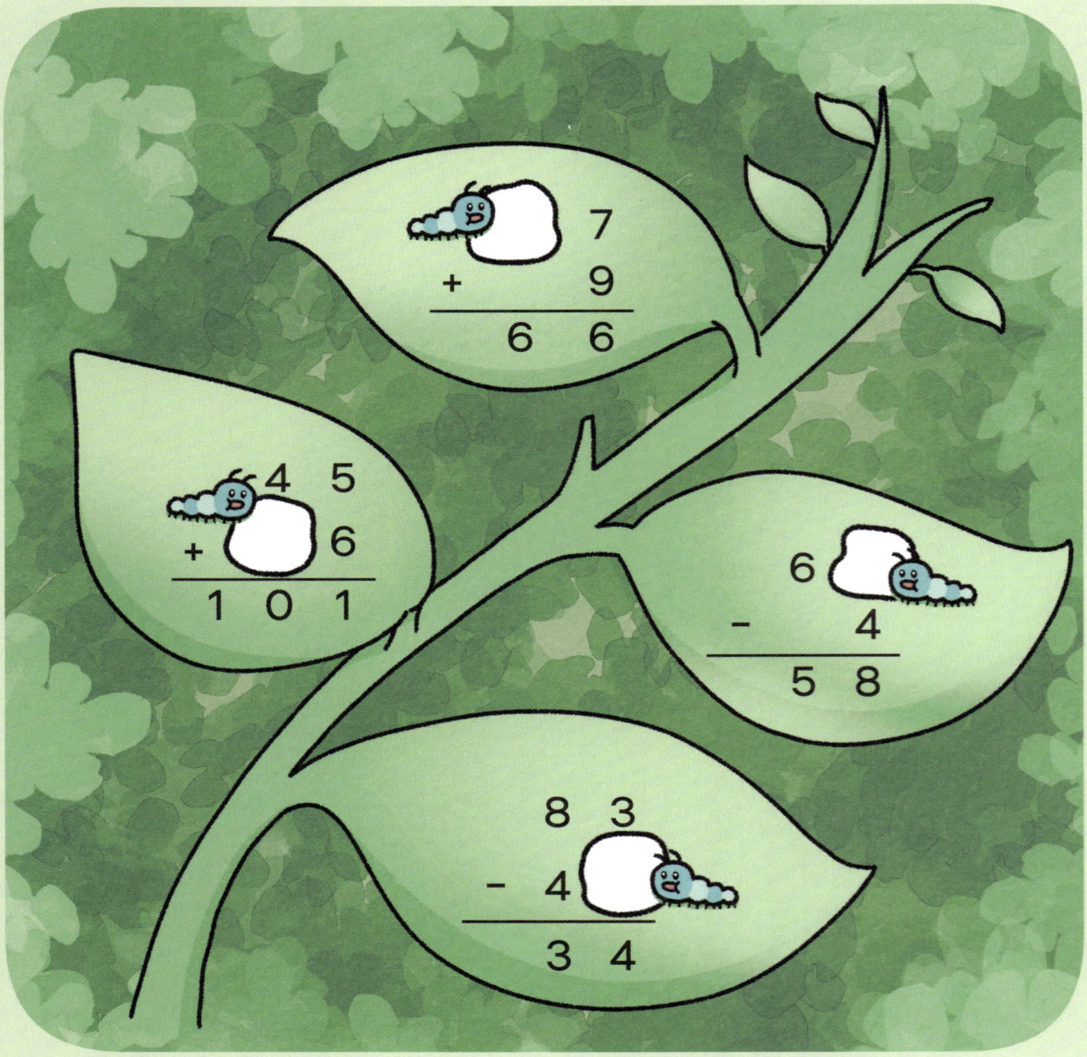

❷

2 주어진 꽃 카드를 활용해 빈칸에 알맞은 수를 쓰고 식을 완성해 보세요.

①

②

❸

❹

셈을 살피며 규칙을 찾아요

1 각각의 식에서 곤충들은 0부터 9까지 수 중 서로 다른 하나의 수를 나타냅니다. 곤충들이 나타내는 수를 빈칸에 써 보세요. (단, 각각의 식에서 같은 곤충은 같은 수를 나타냅니다.)

① 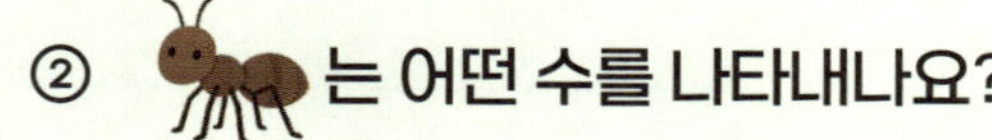 는 어떤 수를 나타내야 하나요?

② 는 어떤 수를 나타내나요?

②

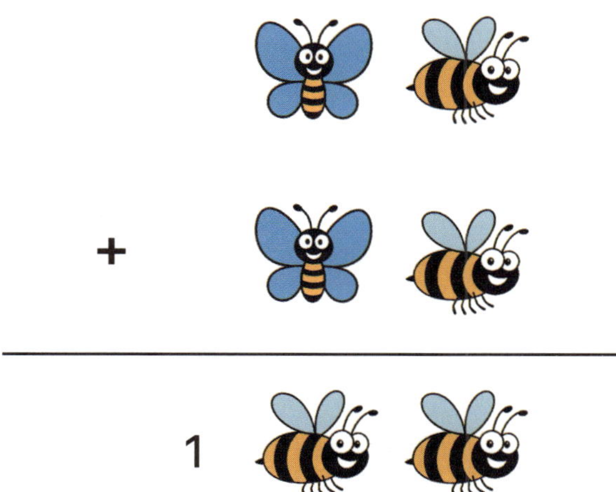

① 🐝 + 🐝 = 🐝 이 되려면 🐝은 어떤 수를 나타내야 하나요?

② 🦋는 어떤 수를 나타내나요?

❸

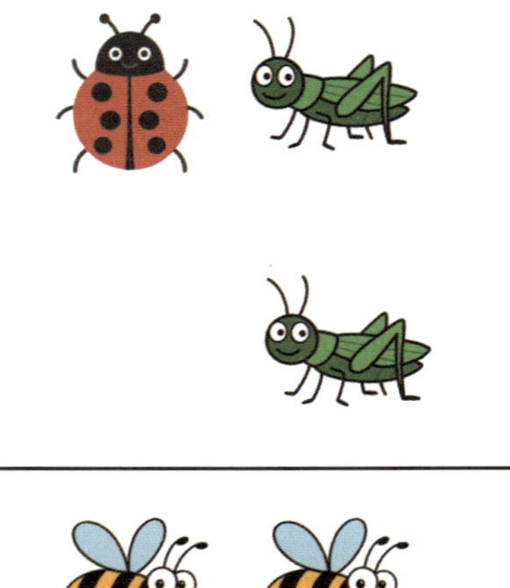

① 는 어떤 수를 나타내나요?

② 는 5부터 9까지의 수 중 어떤 수를 나타내야 하나요?

③ 은 어떤 수를 나타내나요?

 **4**

①  에서 는 어떤 수를 나타내나요?

② 는 어떤 수를 나타내야 하나요?

③ 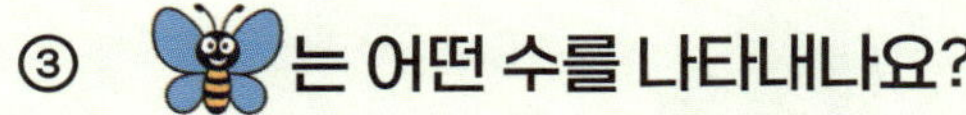는 어떤 수를 나타내나요?

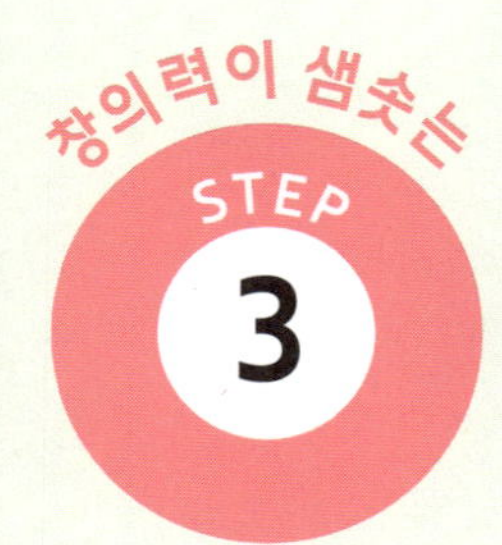

규칙을 찾아 빈칸을 채워요

1 각각의 식에서 동물들은 0부터 9까지 수 중 서로 다른 하나의 수를 나타냅니다. 동물들이 나타내는 수를 빈칸에 써 보세요. (단, 각각의 식에서 같은 동물은 같은 수를 나타냅니다.)

❶

❷

$+$

= [　　　]　　= [　　　]

= [　　　]

❸

 =

 =

 =

④

 =

 =

 =

곱셈구구를 이해하면

❶ 곱셈구구와 친해져요
❷ 곱셈구구를 활용해요

생각이 자라는 STEP 1

1 곱셈구구와 친해져요

곱셈구구를 배워요

1 하트 개수가 같은 카드끼리 선으로 이어 보세요.

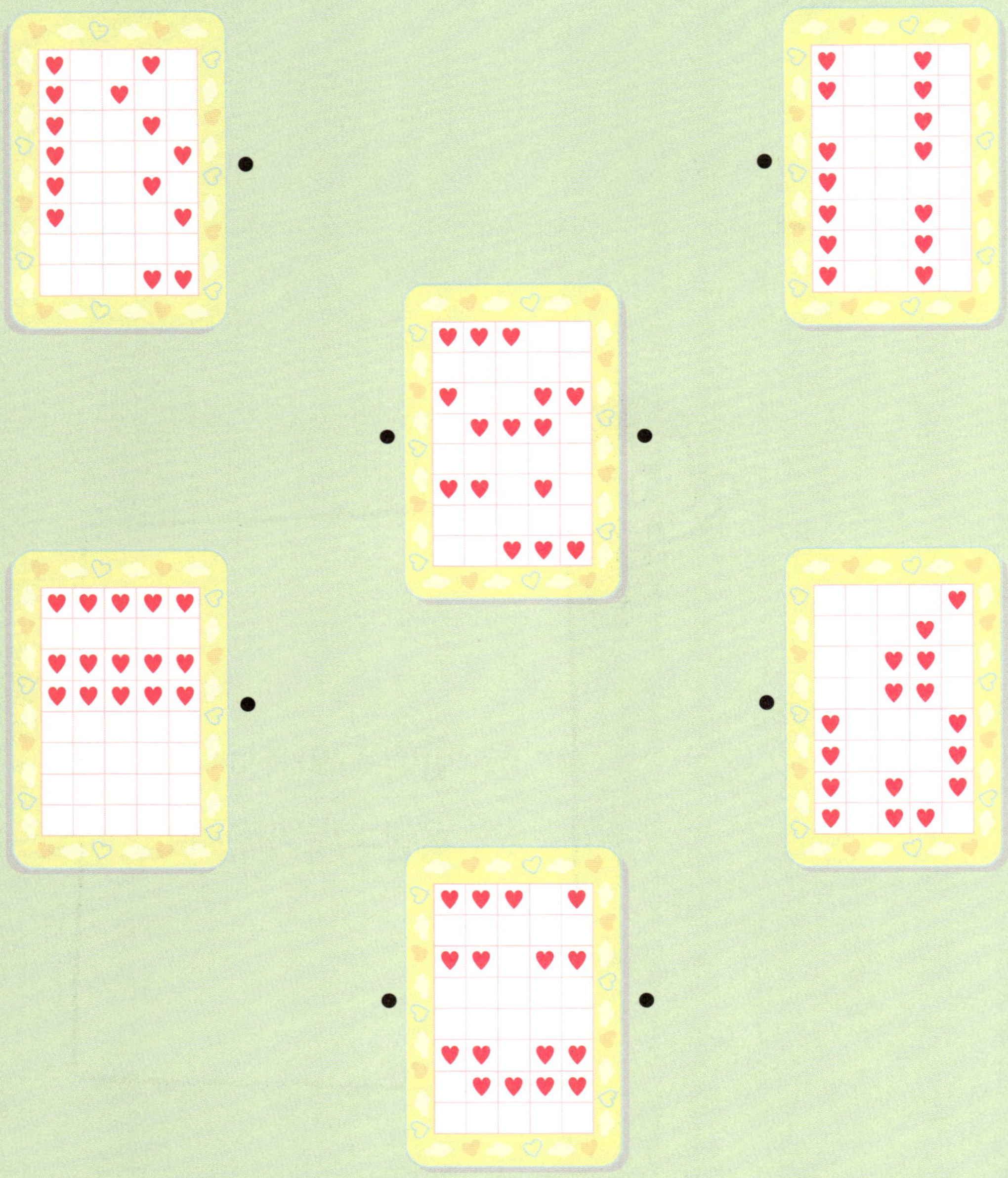

2 하트 카드와 같은 개수를 표현한 식을 모두 찾아 선으로 이어 보세요.

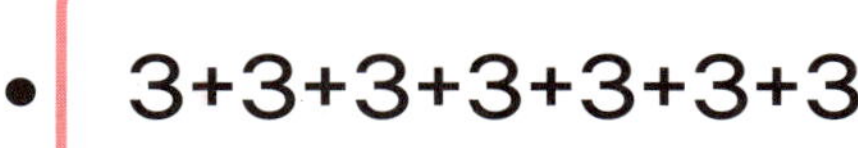
6+6+6

3+3+3+3+3+3+3

3 × 7

6 × 3

3 곱셈구구 계산 결과가 같은 사람끼리 만날 수 있도록 길을 따라 선으로 이어 보세요. (단, [보기]와 같이 다른 친구가 지난 길은 지나지 않도록 합니다.)

1

❷

응용력이 커지는 STEP 2

곱셈구구를 차례로 셈해요

1 강아지가 길을 따라 간식을 찾으러 갑니다. 곱한 결과에서 십의 자리 숫자와 일의 자리 숫자의 합이 9가 되는 곳을 따라 선을 이어 보세요.

❶

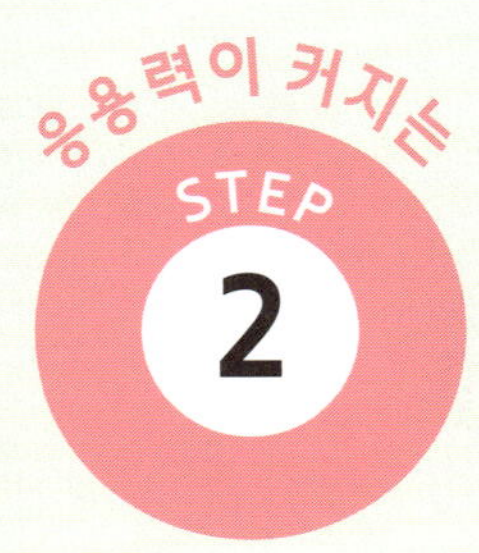

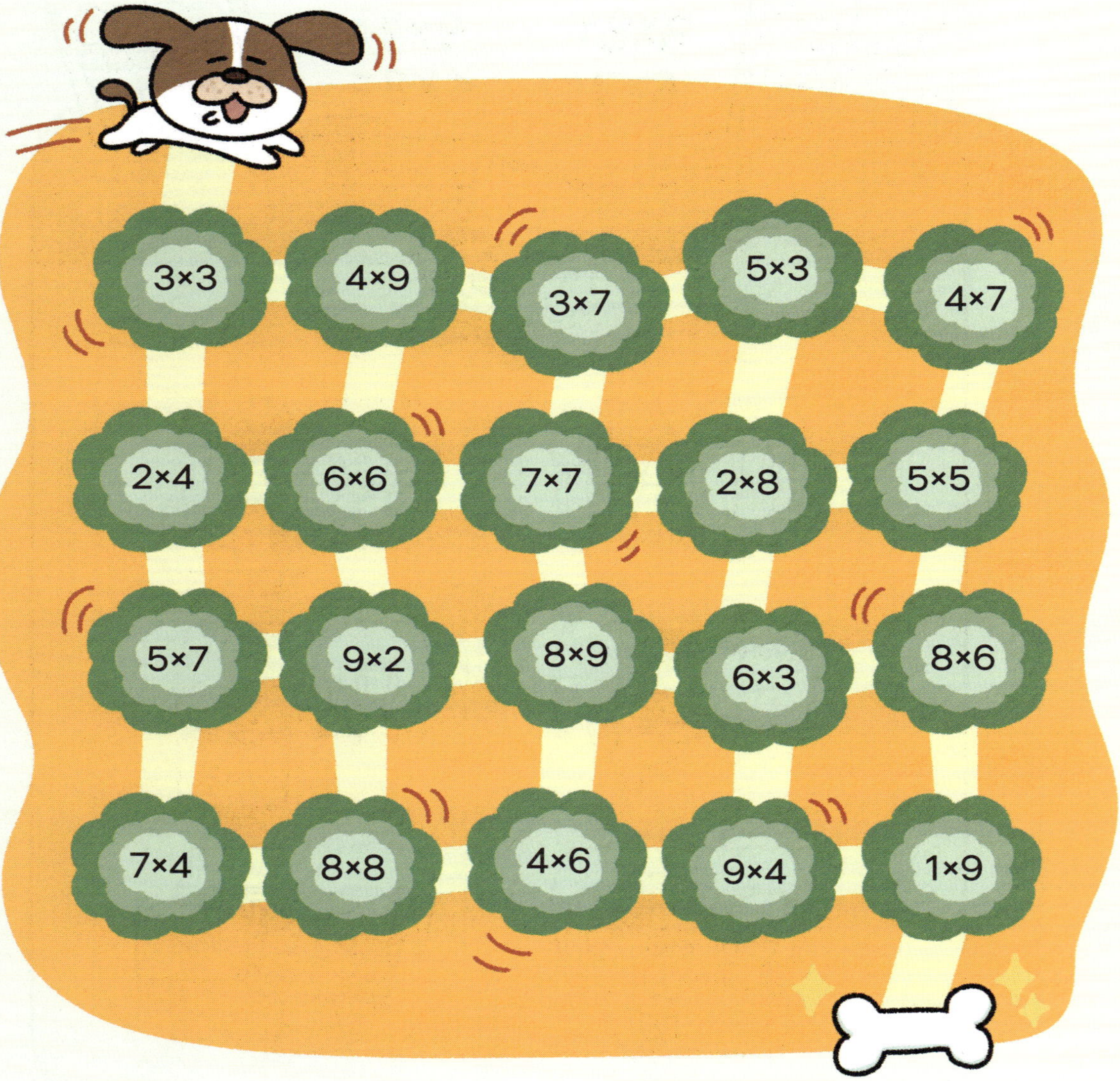

❷

2   [보기]를 보고 출발에서 도착까지 미로를 빠져나갈 수 있는 길을 찾아 선으로
이어 보세요.

보기

▶ 두 자리 수는 십의 자리 숫자와 일의 자리 숫자를 곱한 수로
이동합니다.

예   27은 2×7=14, 14로 이동

▶ 한 자리 수는 자신을 두 번 곱한 수로 이동합니다.

예   4는 4×4=16, 16으로 이동

①

2

27	89	4	10	30
14	6	36	18	12
4	16	24	8	64
16	36	18	46	24

응용력이 커지는 STEP 2

3 시우와 은우는 연결 큐브를 가지고 다음 모형을 만들었습니다. 모형에 사용된 연결 큐브의 개수가 몇 개인지 [보기]와 같이 식을 세워 답을 구해 보세요.

보기

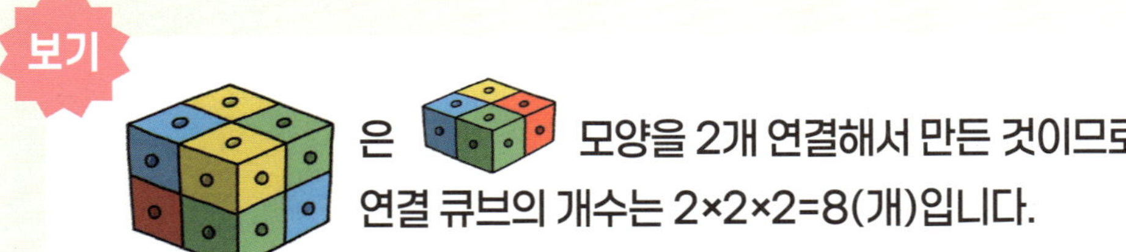

 은 모양을 2개 연결해서 만든 것이므로
연결 큐브의 개수는 2×2×2=8(개)입니다.

❶ 시우는 모양을 3개 연결해서 를 만들었습니다. 시우가 사용한 연결 큐브의 개수는 몇 개일까요?

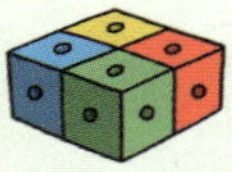

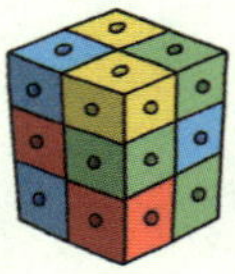

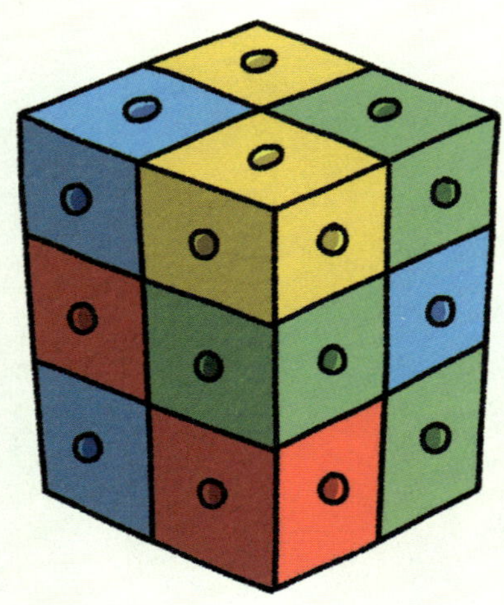

식 2×☐×3

답 ☐ 개

② 연결 큐브의 개수를 구하는 식을 세워 답을 구해 보세요.

식

답   개

식

답   개

곱셈구구로 규칙을 찾아요

1 각각의 모양은 1부터 9까지의 서로 다른 수를 나타내고, 가로줄 또는 세로줄의 끝에 있는 수는 그 줄에 있는 모양이 나타내는 수들의 합을 뜻합니다. 각 모양이 나타내는 수를 구해 보세요.

①

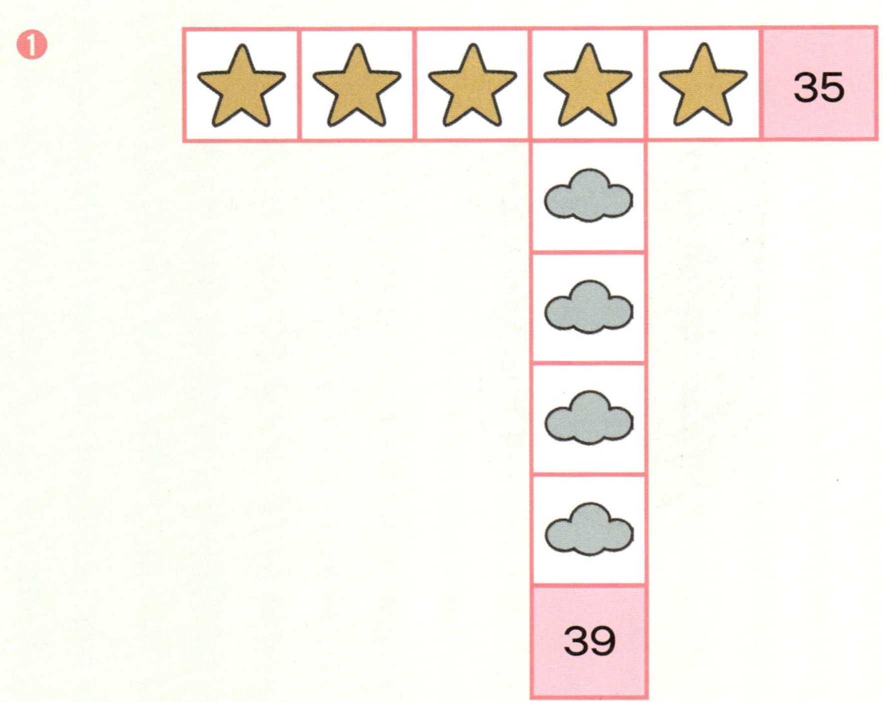

❷

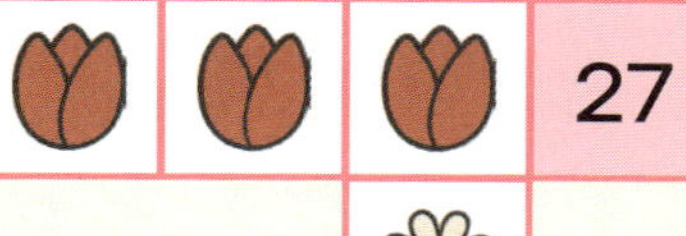 27

 41

29

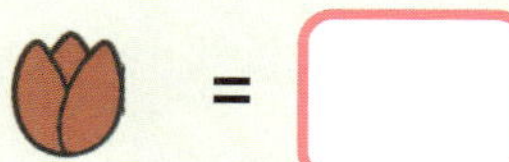 =

 =

 =

❸

 19

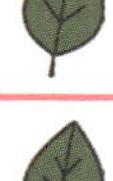

 47

25

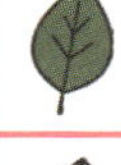

18

 =   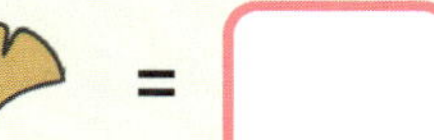 =

 =    =

② 곱셈구구를 활용해요

규칙에 따라 곱셈식을 셈해요

1 [보기]에 따라 곱셈 퍼즐을 풀어 보세요.

보기

▶ 약속한 값이 되도록 보석을 묶습니다.

▶ 보석은 2개 또는 3개로 묶습니다.

▶ 사용한 보석을 다시 사용할 수 있습니다.

▶ 보석을 묶을 때에는 ☐☐☐ (옆으로), ☐ (아래로)만 묶을 수 있습니다.

곱이 12가 되도록 보석을 묶어 보세요.

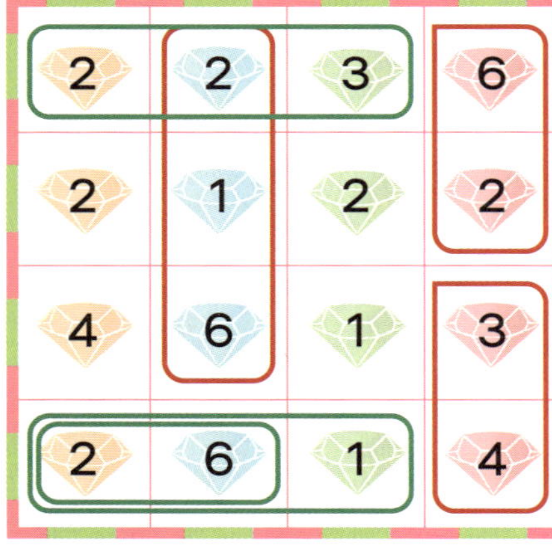

(○)   (✗)

1 곱이 45가 되는 보석 묶음을 모두 찾아 묶어 보세요.

2 곱이 24가 되는 보석 묶음을 모두 찾아 묶어 보세요.

③ 곱이 36이 되는 보석 묶음을 모두 찾아 묶어 보세요.

4 곱이 48이 되는 보석 묶음을 모두 찾아 묶어 보세요.

곱셈구구로 빈칸을 채워요

1 다음 빈칸에는 2부터 9까지의 수가 들어갈 수 있습니다. [보기]와 같이 빈칸에 알맞은 수를 써 보세요.

보기

▶ 표의 바깥에 있는 숫자는 해당 줄의 두 수를 곱한 값입니다.

5 × 7 = 35
4 × 9 = 36
5 × 5 = 25
4 × 8 = 32

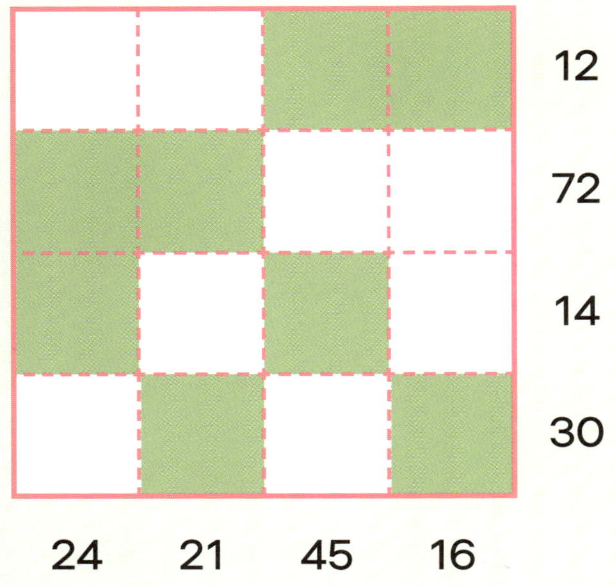

❶

❷ 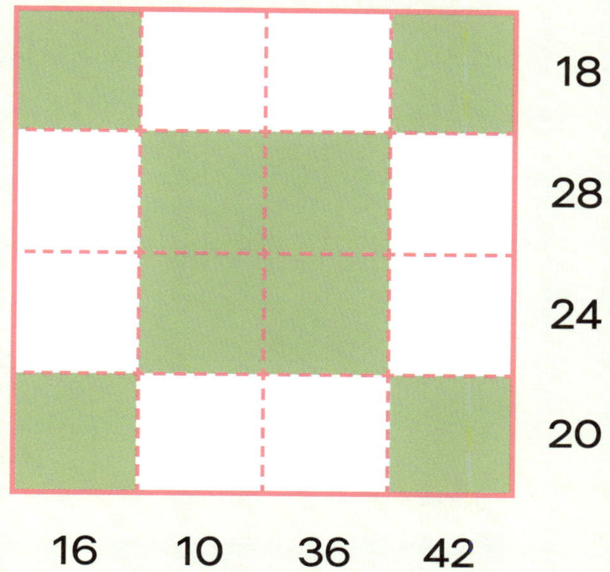

18
28
24
20

16   10   36   42

❸ 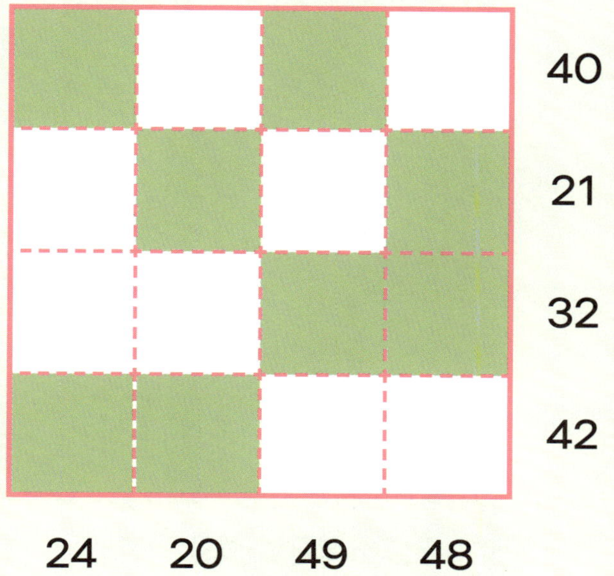

40
21
32
42

24   20   49   48

④

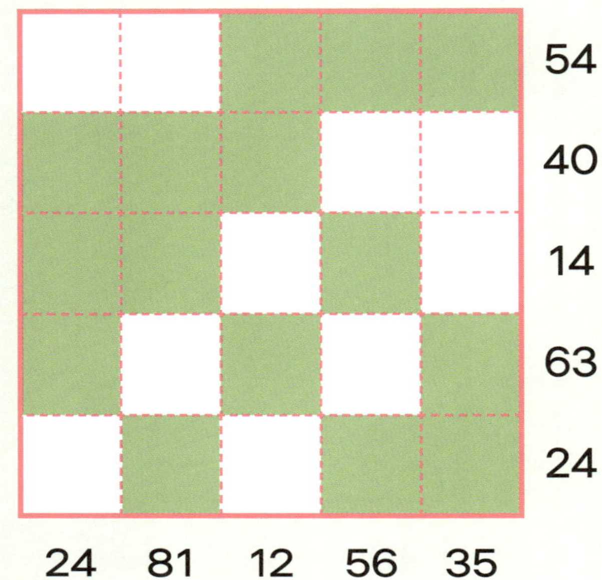

⑤

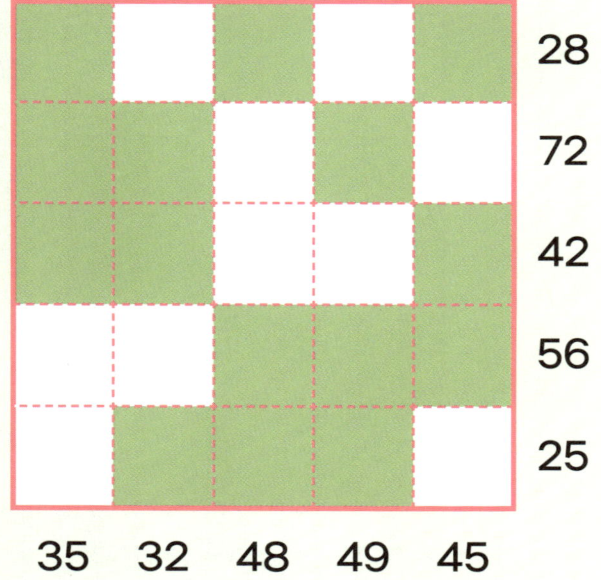

6

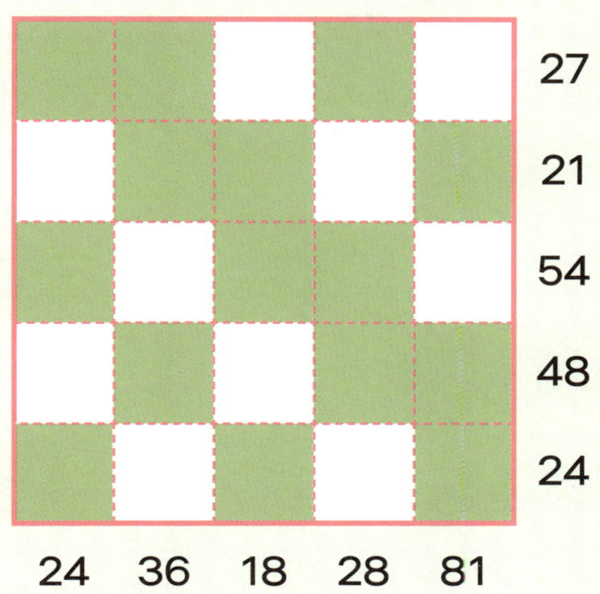

7

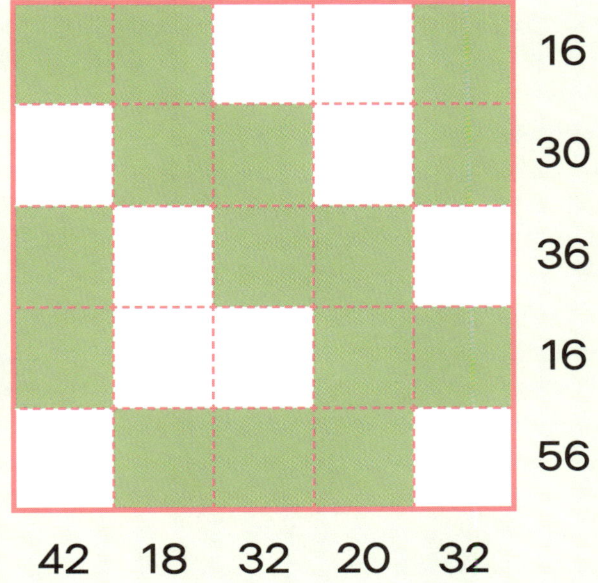

곱셈구구로 셈을 완성해요

1 다음 ⬚ 안의 수를 한 번씩만 사용해 직선으로 연결된 세 수를 곱한 값이 모두 같게 만들려고 합니다. 빈칸에 알맞은 수를 써 보세요.

보기

1 9 8

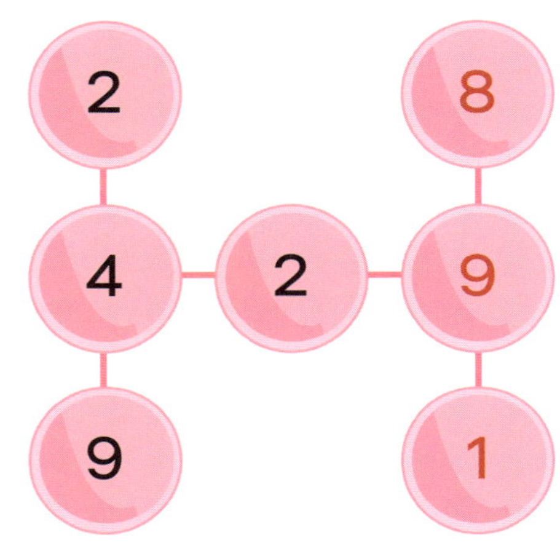

▶ 가로 세로의 모든 곱은 72입니다.
2 × 4 × 9 = 72
4 × 2 × 9 = 72
8 × 9 × 1 = 72

①

2 3 4 9

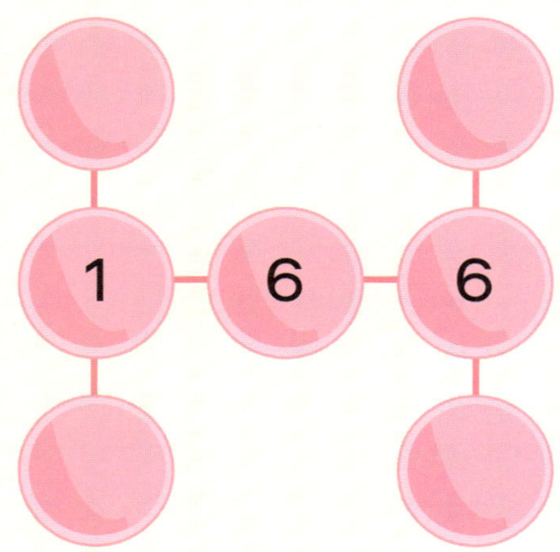

2

6 3 4

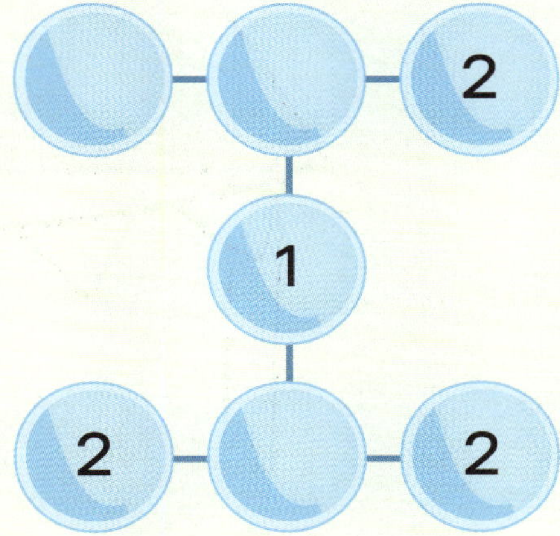

3

2 2 3 4 6 8

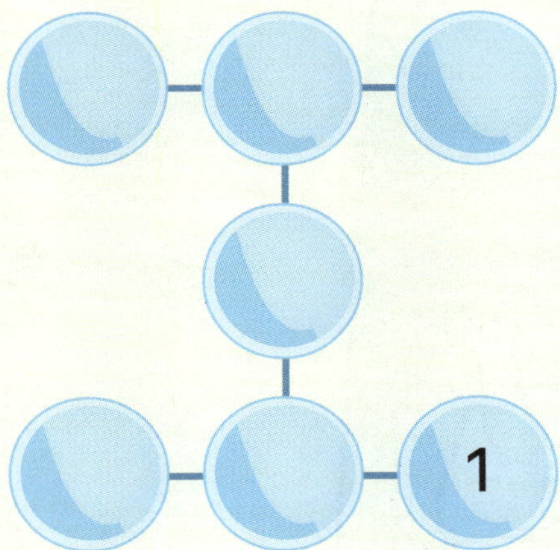

정답

❶ 자릿값에 대해 알아봐요
수의 자리를 살펴요

월   일

1 시우가 모빌에 구슬을 달아 여러 가지 수를 표현했어요. 시우가 만든 수가
어떤 수인지 구슬을 세어 [보기]와 같이 빈칸에 써 보세요.

보기

481

백 모형	십 모형	낱개 모형

4   7   11

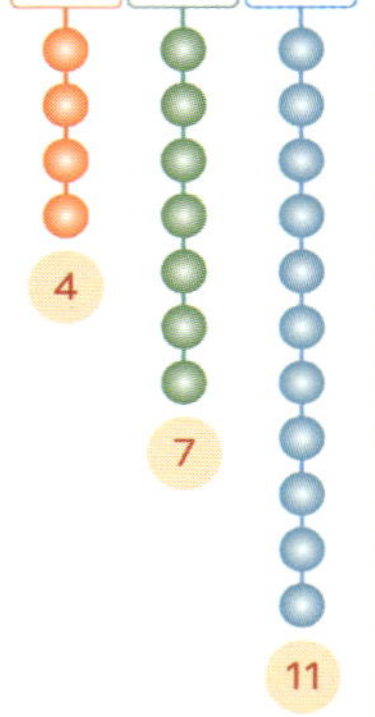

❶

699

백 모형	십 모형	낱개 모형

6   9   9

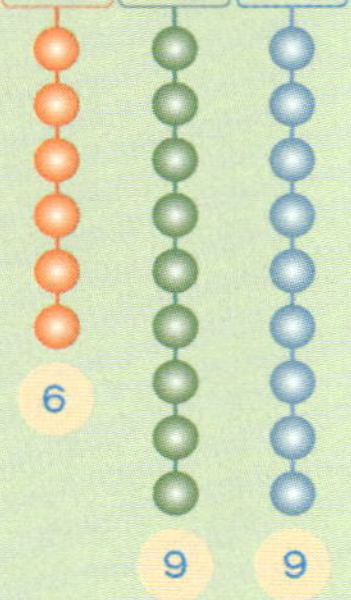

❷

550

백 모형	십 모형	낱개 모형

5   4   10

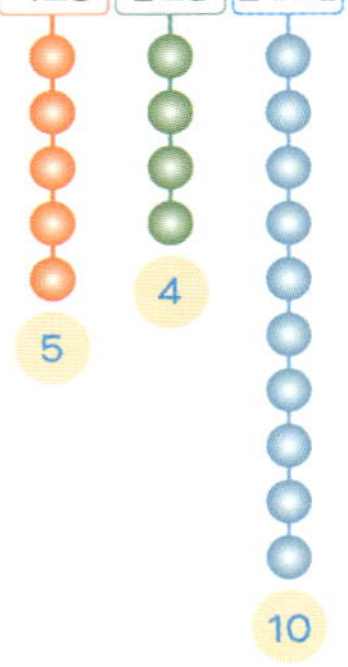

❸

417

백 모형	십 모형	낱개 모형

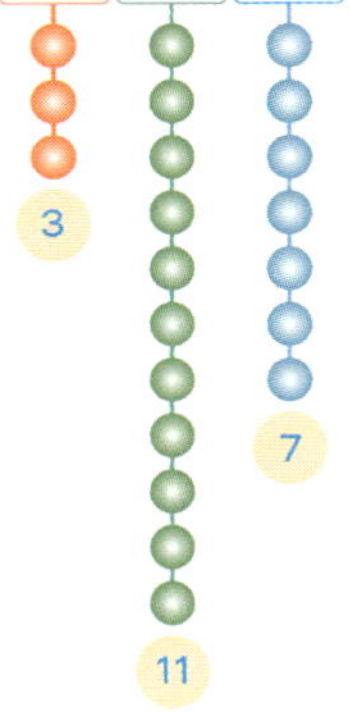

3   11   7

월   일

2 은우와 지호가 다트판에 다트를 던졌습니다. 다음 물음에 답하세요.

❶ 은우가 맞힌 다트판입니다. [보기]와 같이 점수를 계산하여 빈칸에 써 보세요.

보기

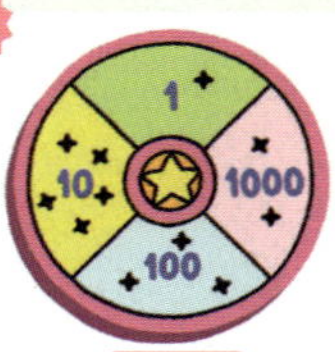

2351 점

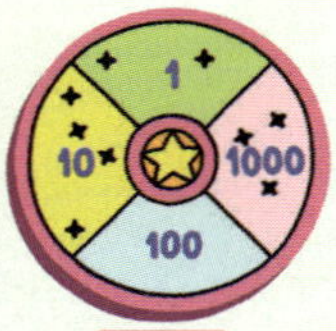

3042 점

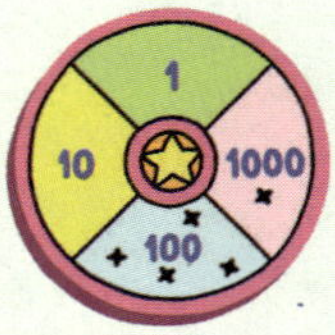

1400 점

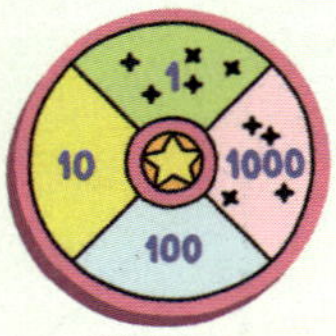

4005 점

❷ 지호가 맞힌 다트판을 표로 정리했습니다. 점수를 계산하여 빈칸에 써 보세요.

1000	100	10	1	점수
3개	8개	5개	2개	3852 점

1000	100	10	1	점수
2개	3개	0개	5개	2305 점

1000	100	10	1	점수
4개	0개	1개	9개	4019 점

자리에 맞게 수를 세요

1 시우, 서진, 재희가 뛰어 세기를 합니다. 다음 물음에 답하세요.

❷ ❶번에서 마지막 칸의 수가 가장 큰 친구를 찾아 이름을 써 보세요.

서진

❹ ❸번에서 마지막 칸의 수가 가장 큰 친구를 찾아 이름을 써 보세요.

재희

2 [보기]와 같이 가지고 있는 동전을 사용해서 만들 수 있는 금액을 찾아 빈칸에 써 보세요.

STEP 3 자리에 맞게 뛰어세기 해요

월 　 일

1 오른쪽으로 갈수록 큰 수가 되는 뛰어 세기를 하고 있어요. 다음 물음에 답하세요.

❶ 469부터 10씩 뛰어서 세어 보세요.

469 — 479 — 489 — 499 — 509 — 519

❷ 다음을 읽고 알맞은 말에 ○표 해 보세요.

십의 자리 단위로 뛰어서 셀 때는 (일의 자리, 십의 자리, 백의 자리) 수는 변하지 않습니다.

❸ 은우 말에 따라 빈칸에 알맞은 숫자를 써 보세요.

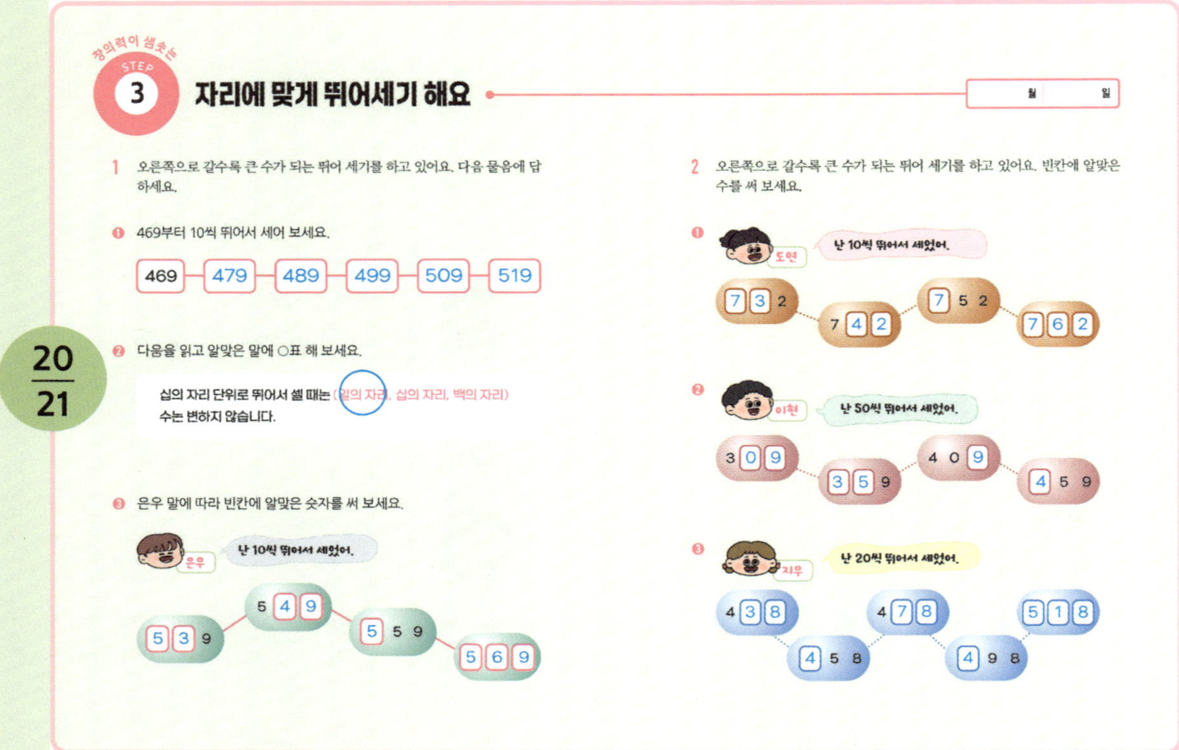

2 오른쪽으로 갈수록 큰 수가 되는 뛰어 세기를 하고 있어요. 빈칸에 알맞은 수를 써 보세요.

---

❷ 수를 만들고 비교해요

STEP 1 숫자를 가지고 수를 만들어요

월 　 일

1 다음 카드를 한 번씩만 사용해 만들 수 있는 수를 [보기]와 같이 써 보세요.

보기

| 1 | 2 | → | 1 | 2 | 12 | 21 |

❶

| 3 | 9 | → | 3 | 9 | 39 | 93 |

❷

| 4 | 5 | → | 4 | 5 | 45 | 54 |

2 다음 카드 중 두 장을 뽑아 만들 수 있는 모든 두 자리 수를 [보기]와 같이 써 보세요. (단, 십의 자리에 0은 올 수 없어요.)

보기

| 1 | 3 | 4 | → | 13 | 14 | 31 |
| | | | | 34 | 41 | 43 |

❶

| 7 | 1 | 5 | → | 15 | 17 | 51 |
| | | | | 57 | 71 | 75 |

❷

| 3 | 8 | 0 | → | 30 | 38 | |
| | | | | 80 | 83 | |

생각이 자라는 STEP 1

월 일

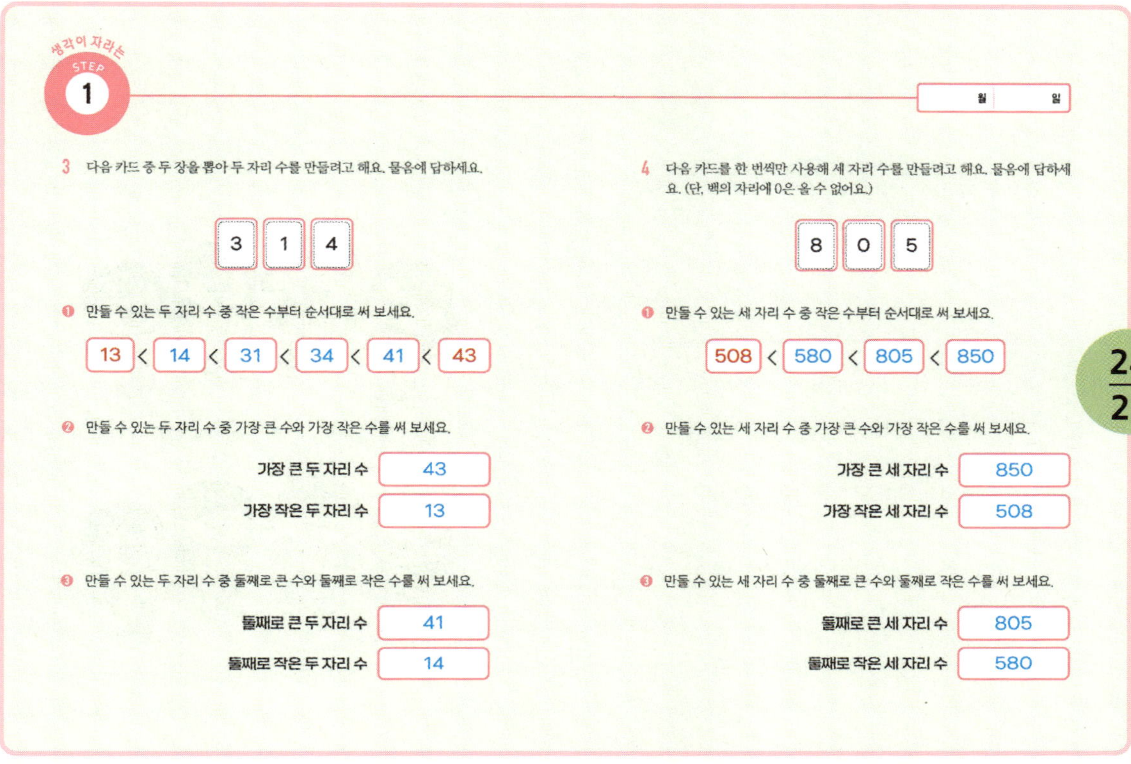

3 다음 카드 중 두 장을 뽑아 두 자리 수를 만들려고 해요. 물음에 답하세요.

3 1 4

❶ 만들 수 있는 두 자리 수 중 작은 수부터 순서대로 써 보세요.

13 < 14 < 31 < 34 < 41 < 43

❷ 만들 수 있는 두 자리 수 중 가장 큰 수와 가장 작은 수를 써 보세요.

가장 큰 두 자리 수 43

가장 작은 두 자리 수 13

❸ 만들 수 있는 두 자리 수 중 둘째로 큰 수와 둘째로 작은 수를 써 보세요.

둘째로 큰 두 자리 수 41

둘째로 작은 두 자리 수 14

4 다음 카드를 한 번씩만 사용해 세 자리 수를 만들려고 해요. 물음에 답하세요. (단, 백의 자리에 0은 올 수 없어요.)

8 0 5

❶ 만들 수 있는 세 자리 수 중 작은 수부터 순서대로 써 보세요.

508 < 580 < 805 < 850

❷ 만들 수 있는 세 자리 수 중 가장 큰 수와 가장 작은 수를 써 보세요.

가장 큰 세 자리 수 850

가장 작은 세 자리 수 508

❸ 만들 수 있는 세 자리 수 중 둘째로 큰 수와 둘째로 작은 수를 써 보세요.

둘째로 큰 세 자리 수 805

둘째로 작은 세 자리 수 580

24/25

응용력이 커지는 STEP 2

자리에 맞게 숫자를 채워요

월 일

1 다음 카드 중 두 장을 뽑아 두 자리 수를 만들려고 해요. 물음에 답하세요. (단, 십의 자리에 0은 올 수 없어요.)

❶

5 7
1 8

가장 큰 두 자리 수 87

가장 작은 두 자리 수 15

❷

9 0
4 3

둘째로 큰 두 자리 수 93

둘째로 작은 두 자리 수 34

2 다음 카드 중 세 장을 뽑아 세 자리 수를 만들려고 해요. 물음에 답하세요. (단, 백의 자리에 0은 올 수 없어요.)

❶

2 6
0 9

가장 큰 세 자리 수 962

가장 작은 세 자리 수 206

❷

5 3
6 4

둘째로 큰 세 자리 수 653

둘째로 작은 세 자리 수 346

26/27

3 서로 다른 4개의 수를 가장 작은 수부터 줄 세우려고 해요. 숫자 중 일부는 □로 가려져 있고, □에는 1부터 9까지 수 중 하나가 들어가요. 빈칸에 기호를 써 보세요.

❶

㉠ 9□   ㉡ 7□   ㉢ 90   ㉣ 8□

❷

㉠ 401   ㉡ 4□3   ㉢ 3□0   ㉣ 399

4 각자 수 카드를 세 장씩 뽑아 세 자리 수를 만들었어요. 만든 수가 작은 순서 대로 왼쪽부터 서 있어요. **?**로 가려진 카드에는 어떤 수가 적혀 있을지 찾아 써 보세요.

❶

❷

수를 줄 세우고 비교해요

월   일

1 친구들이 모여서 세 자리 수 카드를 하나씩 뽑았어요. 적혀 있는 수가 작은 카드를 뽑은 사람 순서대로 이름을 써 보세요.

❶

시윤   도연   성연   지원   지호

❷

시윤   지원   도연   지호   성연

창의력이 샘솟는 STEP 3

월 일

2 각자 손에 들고 있는 수 카드로 세 자리 수를 만들어 수 크기를 비교했어요. 왼쪽부터 작은 순서대로 줄을 서니 태연, 희수, 재희, 이안 순이었습니다. 각 친구들이 만든 세 자리 수가 무엇인지 찾아 빈칸에 써 보세요.

❶

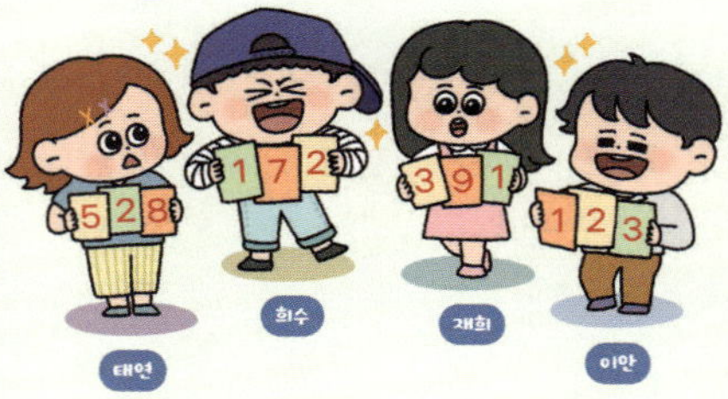

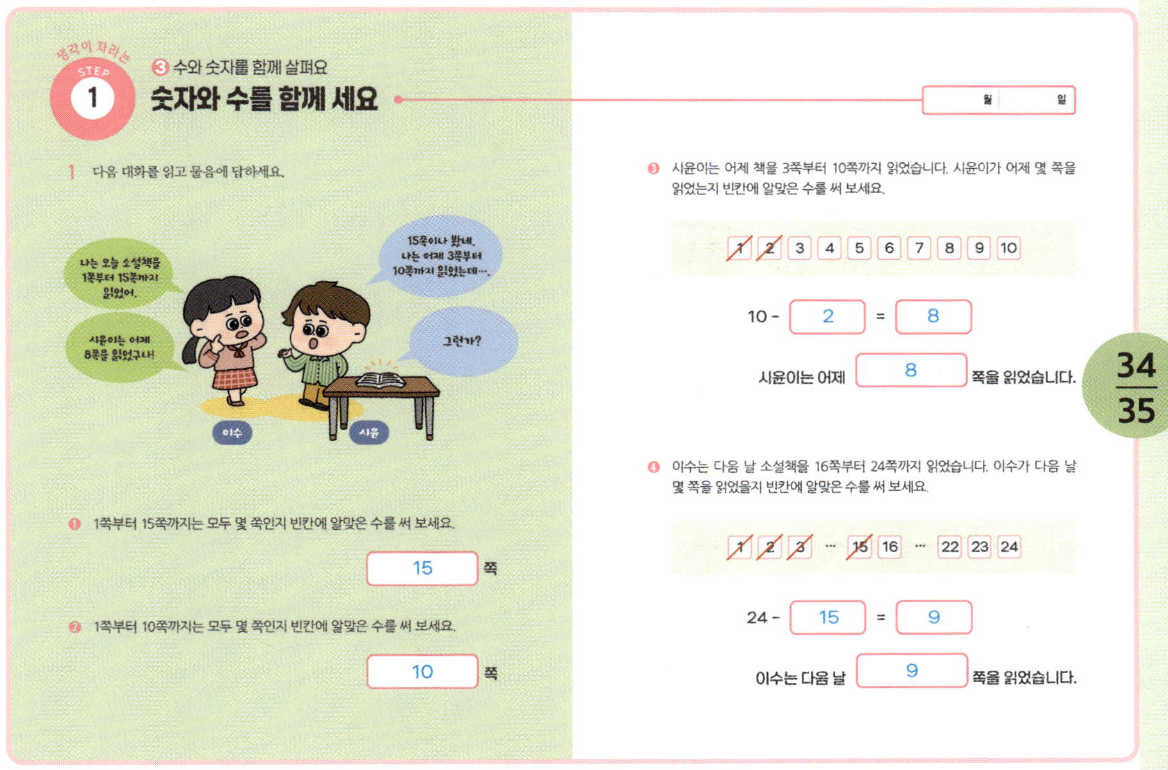

258 < 271 < 319 < 321

태연 희수 재희 이안

❷

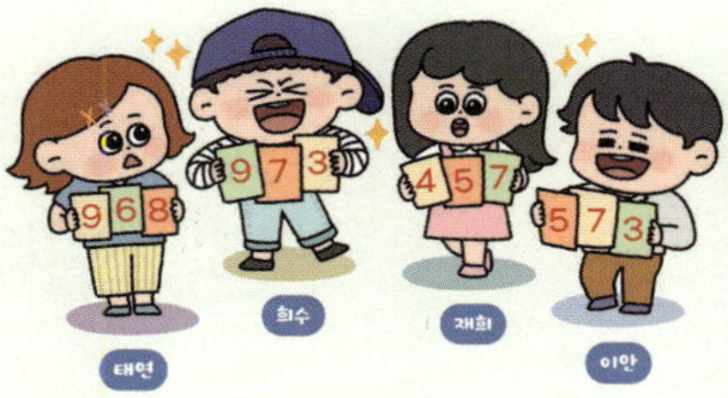

689 < 739 < 745 < 753

태연 희수 재희 이안

생각이 자라는 STEP 1

❸ 수와 숫자를 함께 살펴요

숫자와 수를 함께 세요

월 일

1 다음 대화를 읽고 물음에 답하세요.

❶ 1쪽부터 15쪽까지는 모두 몇 쪽인지 빈칸에 알맞은 수를 써 보세요.

15 쪽

❷ 1쪽부터 10쪽까지는 모두 몇 쪽인지 빈칸에 알맞은 수를 써 보세요.

10 쪽

❸ 시윤이는 어제 책을 3쪽부터 10쪽까지 읽었습니다. 시윤이가 어제 몇 쪽을 읽었는지 빈칸에 알맞은 수를 써 보세요.

~~1~~ ~~2~~ 3 4 5 6 7 8 9 10

10 - 2 = 8

시윤이는 어제 8 쪽을 읽었습니다.

❹ 이수는 다음 날 소설책을 16쪽부터 24쪽까지 읽었습니다. 이수가 다음 날 몇 쪽을 읽었을지 빈칸에 알맞은 수를 써 보세요.

~~1~~ ~~2~~ ~~3~~ … ~~15~~ 16 … 22 23 24

24 - 15 = 9

이수는 다음 날 9 쪽을 읽었습니다.

월   일

2 연우는 20일 동안 쓴 수학 일기에 1부터 20까지 번호를 매겨 숫자 스티커를 붙이려고 합니다.

36 / 37

1 2 3 4
5 6 7 8
9 0

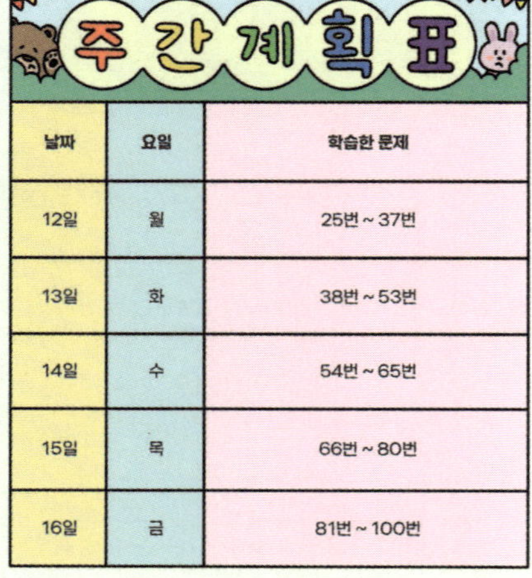

20 = 2 0

❶ 다음 빈칸에 1부터 9까지 수를 차례로 쓰고, 쓴 숫자 스티커가 모두 몇 개인지 써 보세요. (단, 1도 포함해서 숫자를 세어 보세요.)

1 2 3 4 5 6 7 8 9

9 개

❷ 다음 빈칸에 10부터 20까지 수를 차례로 쓰고, 쓴 숫자 스티커가 모두 몇 개인지 써 보세요. (단, 1과 0도 포함해서 숫자를 세어 보세요.)

1 0   1 1   1 2   1 3
1 4   1 5   1 6   1 7
1 8   1 9   2 0

22 개

❸ 1부터 20까지 번호를 매기는 데 필요한 숫자 스티커는 모두 몇 개인지 써 보세요.

31 개

숫자 사이에서 수를 찾아요

월   일

1 재희의 주간 계획표를 보고 물음에 답하세요.

38 / 39

날짜	요일	학습한 문제
12일	월	25번 ~ 37번
13일	화	38번 ~ 53번
14일	수	54번 ~ 65번
15일	목	66번 ~ 80번
16일	금	81번 ~ 100번

❶ 재희가 월요일에 학습한 문제 수를 빈칸에 알맞게 써 보세요.

1 2 3 … 24 25 … 35 36 37

37 − 24 = 13

재희는 월요일에 13 문제를 풀었습니다.

❷ 재희가 월요일부터 금요일까지 학습한 문제 수를 빈칸에 알맞게 써 보세요.

요일	월	화	수	목	금
문제 수 (문제)	13	16	12	15	20

148

응용력이 커지는 STEP 2

월 일

2 다음과 같이 사물함에 1번부터 24번까지 꽃 모양 번호 스티커를 붙이려고 합니다. 물음에 답하세요.

❶ 1층에는 1번부터 8번까지의 번호 스티커를 붙입니다. 1층에 붙이는 번호 스티커의 개수는 몇 개인지 구해 보세요. (단, 1번도 포함해서 숫자를 세어 보세요.)

8 개

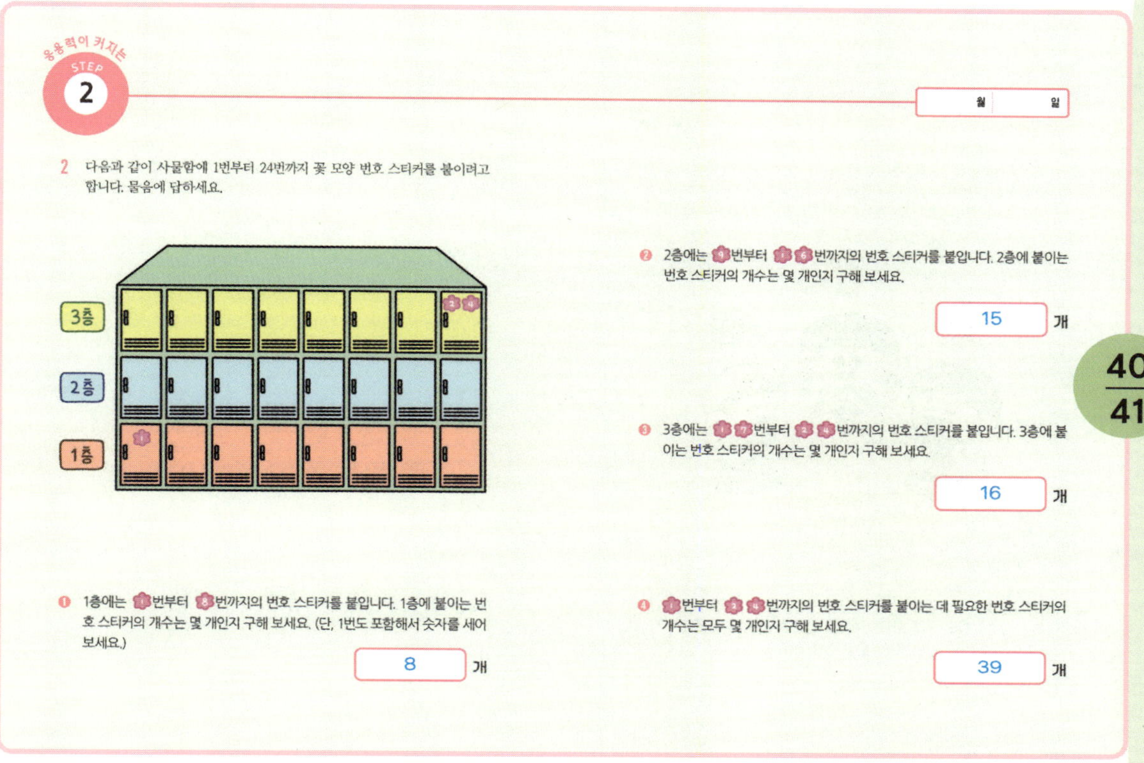

❷ 2층에는 9번부터 16번까지의 번호 스티커를 붙입니다. 2층에 붙이는 번호 스티커의 개수는 몇 개인지 구해 보세요.

15 개

❸ 3층에는 17번부터 24번까지의 번호 스티커를 붙입니다. 3층에 붙이는 번호 스티커의 개수는 몇 개인지 구해 보세요.

16 개

❹ 1번부터 24번까지의 번호 스티커를 붙이는 데 필요한 번호 스티커의 개수는 모두 몇 개인지 구해 보세요.

39 개

40/41

창의력이 샘솟는 STEP 3

규칙에 따라 숫자와 수를 살펴요

월 일

1 2학년 학생 50명이 운동장에 모여 있습니다. 1번부터 50번까지 번호를 정한 뒤 자기 번호에 맞는 공을 받습니다. 7번은 ⑦공을, 45번은 ④공과 ⑤공을 받게 됩니다. 다음 물음에 답하세요.

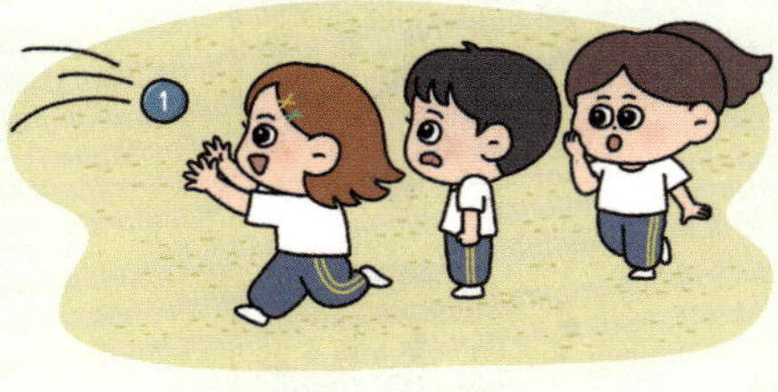

❶ ⑤공을 받게 되는 학생들의 번호를 모두 쓴 뒤, 몇 명인지 세어 보세요.

5, 15, 25, 35, 45, 50

6 명

❷ ⑤공은 모두 몇 개 필요한지 써 보세요.

6 개

❸ ①공을 받는 학생들의 번호를 모두 쓴 뒤, 몇 명인지 세어 보세요.

1, 10, 11, 12, 13, 14, 15, 16, 17, 18, 19, 21, 31, 41

14 명

❹ ①공은 모두 몇 개 필요한지 써 보세요.

15 개

42/43

44 / 45

2 이수는 친구들과 50부터 99까지 차례로 수 부르기를 하고 있습니다. (단, 수를 부를 때 9가 들어가면 9는 부르지 않고 9 대신 박수를 쳐야 합니다. 수를 부를 때 6이 들어가면 6은 부르지 않고 6 대신 만세를 불러야 합니다.)

❶ 50부터 99까지의 수 중 9가 들어 있는 수를 모두 써 보세요.

> 59, 69, 79, 89, 90, 91, 92, 93, 94, 95, 96, 97, 98, 99

❷ 이수와 친구들이 50부터 99까지 모두 부른다면 박수는 모두 몇 번을 치게 되는지 써 보세요. (단, 박수는 9가 들어 있는 개수만큼 칩니다.)

> 15 번

❸ 50부터 99까지의 수 중 6이 들어 있는 수를 모두 써 보세요.

> 56, 60, 61, 62, 63, 64, 65, 66, 67, 68, 69, 76, 86, 96

❹ 이수와 친구들이 50부터 99까지 모두 부른다면 만세는 모두 몇 번을 부르게 되는지 써 보세요. (단, 만세는 6이 들어 있는 개수만큼 부릅니다.)

> 15 번

---

❶ 두 자리 수를 셈해요
두 자리 수를 더하고 빼요

48 / 49

1 스티커를 넣고 손잡이를 돌리면 새로운 스티커가 나옵니다. 스티커의 빈칸에 알맞은 수를 써 보세요.

❶

❷

2 이벤트 도중에 기계가 고장이 나서 스티커 점수가 어떻게 변하는지 화면에 나오지 않았어요. 화면의 빈칸에 알맞은 수를 써 보세요.

❶

❷

❸

3 알뜰시장에서 파는 상품과 구매 시 필요한 스티커 수를 보고 물음에 답하세요. (단, 상품은 스티커 속 점수의 합과 가격이 같을 때만 살 수 있어요.)

❶ 연우는 축구공을 사고 남은 스티커를 모두 사용해 물건 2개를 더 사려고 합니다. 어떤 물건을 살 수 있는지 다음 빈칸에 써 보세요.

살 수 있는 물건	스티커 점수	
축구공	⑳ + ㉓	= 43
테니스공	⑮ + ⑫	= 27
자동차	⑯ + ㉙	= 45

❷ 도연이도 아래 스티커를 모두 사용해 물건을 3개 사려고 합니다. 어떤 물건을 살 수 있는지 다음 빈칸에 써 보세요.

살 수 있는 물건	스티커 점수	
큐브	⑲ + ⑬	= 32
비행기	⑱ + ㉔	= 42
책	㉖ + ㉕	= 51

응용력이 커지는
STEP
2 규칙에 따라 두 자리 수를 셈해요

| 월 | 일 |

1 개미가 집으로 가는 길에 사탕을 주워 가려고 합니다. [보기]와는 다른 길을 찾아 개미가 얻은 사탕 개수를 구하세요. (단, 한 번 지난 길은 다시 지나갈 수 없습니다.)

보기

이 길로 가면 개미는 모두 58(=4+15+23+16)개
사탕을 얻을 수 있어요.

개미가 얻은 사탕 [37] 개

개미가 얻은 사탕 [51] 개

개미가 얻은 사탕 [68] 개

응용력이 커지는 STEP 2

월 일

2 [보기]와 같이 수 배열표에서 위아래 양옆의 이웃한 세 수를 더하여 새로운 수를 만들어 보세요.

54
55

보기

20	17	11
21	8	6
7	5	24

48 → 20 + 17 + 11

33 → 21 + 7 + 5

❶

12	7	7
5	13	23
18	22	8

35 → 12+5+18

38 → 7+23+8

❷

7	14	6
16	12	14
7	10	17

27 → 7+14+6

43 → 12+14+17

❸

23	12	11
24	5	15
13	17	9

38 → 12+11+15

42 → 24+5+13

응용력이 커지는 STEP 2

월 일

3 [보기]와 같이 빈칸에 알맞은 수를 써 보세요.

56
57

보기

	46	36	51
36		7	43
29	37		8
20	9	29	

→ 7과 43의 차는 36 입니다

▸ ☆ 안의 수는 세로줄에 있는 두 수의 합입니다.

▸ ♡ 안의 수는 가로줄에 있는 두 수의 차입니다.

37과 9의 합은 46 입니다

❶

	43	38	35
27	36		9
18		8	26
23	7	30	

❷

	42	33	42
18	9	27	
25	33		8
28		6	34

❸

	42	45	51
27	34		7
28	8	36	
35		9	44

모양을 살피며 두자리 수를 셈해요

월 | 일

1 [보기]와 같이 성냥개비 1개만을 옮겨서 올바른 수를 만들어 보세요.

성냥개비를 이용해 다음과 같이
0부터 9까지의 수를 만들 수 있습니다.

보기

3 → [1개 옮겨 가장 작은 수 만들기] → 2

3 → [1개 옮겨 가장 큰 수 만들기] → 5

6 → [1개 옮겨 가장 큰 수 만들기] → 9

6 → [1개 옮겨 가장 작은 수 만들기] → 0

2 [보기]와 같이 성냥개비를 1개 옮겨서 올바른 식을 만들어 보세요.

보기

$3 + 5 = 6 \rightarrow 3 + 3 = 6$

❶ $6 - 6 = 6 \rightarrow 6 - 6 = 0$

❷ $3 + 5 = 7 \rightarrow 2 + 5 = 7$

월 | 일

3 [보기]와 같이 성냥개비를 1개 옮겨서 올바른 식을 만들어 보세요.

보기

$5 + 6 = 3 \rightarrow 9 + 6 = 3$

❶ $8 + 9 = 8 \rightarrow 8 + 0 = 8$

❷ $4 - 9 = 7 \rightarrow 4 + 9 = 7$

❸ $72 + 3 = 65 \rightarrow 72 + 3 = 69$

❹ $95 - 46 = 19 \rightarrow 85 - 46 = 19$

생각이 자라는 STEP 1

❷ 세 자리 수를 셈해요

세 자리 수를 더하고 빼요

월 일

62
63

1 서원이네 가족이 등산을 가려고 합니다. 다음 지도를 보고 물음에 답하세요.

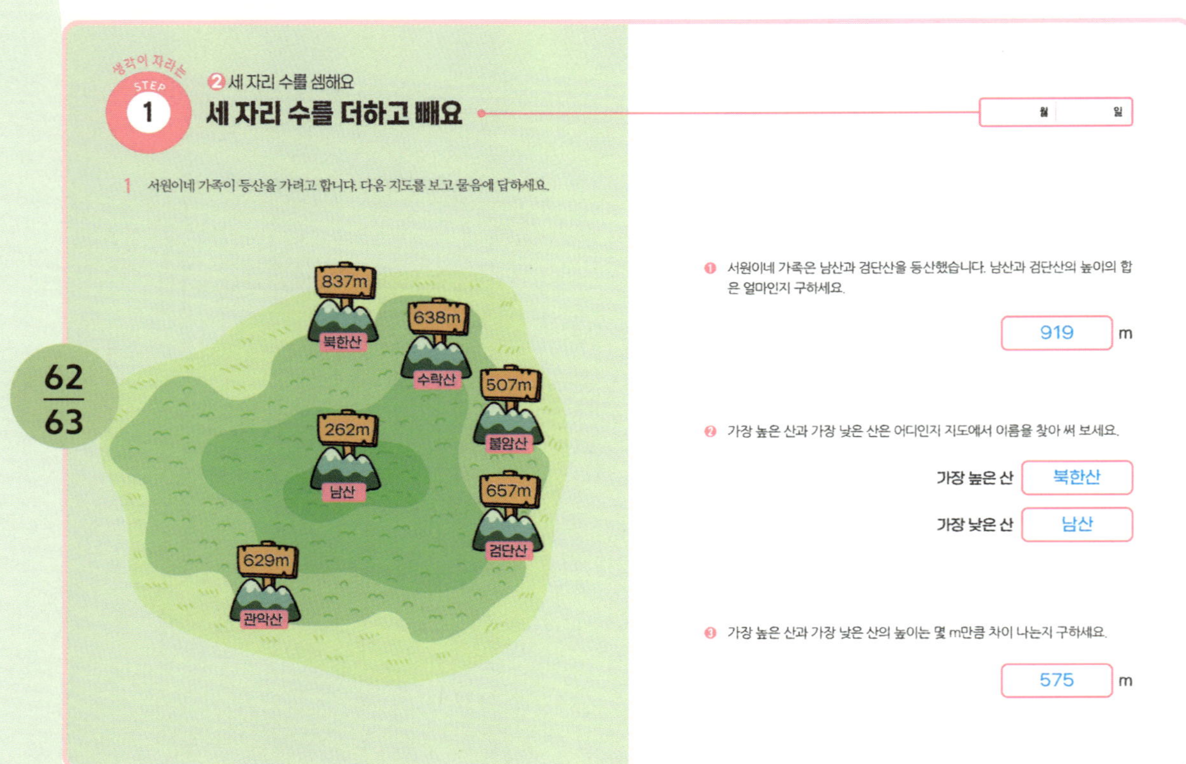

❶ 서원이네 가족은 남산과 검단산을 등산했습니다. 남산과 검단산의 높이의 합은 얼마인지 구하세요.

919 m

❷ 가장 높은 산과 가장 낮은 산은 어디인지 지도에서 이름을 찾아 써 보세요.

가장 높은 산 북한산

가장 낮은 산 남산

❸ 가장 높은 산과 가장 낮은 산의 높이는 몇 m만큼 차이 나는지 구하세요.

575 m

생각이 자라는 STEP 1

월 일

64
65

2 서원이와 친구들은 경주 문화유산을 탐방하고 있어요. 다음 문화유산 사진을 보고 물음에 답하세요.

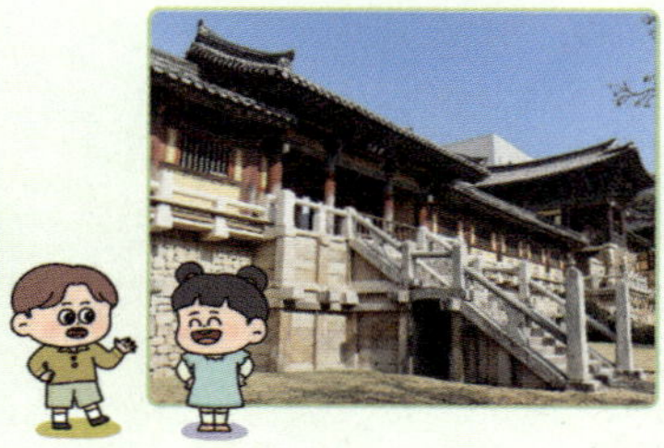

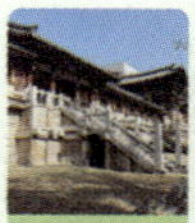
불국사 (751년)

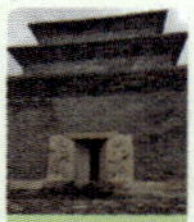
분황사 (634년)

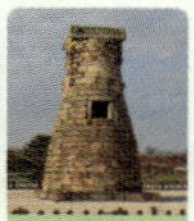
첨성대 (647년)

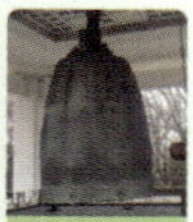
선덕대왕 신종 (771년)

❶ 가장 먼저 만들어진 문화유산부터 차례로 써 보세요.

분황사 → 첨성대 → 불국사 → 선덕대왕 신종

❷ 분황사를 만들고 몇 년 뒤에 불국사가 만들어졌는지 써 보세요.

117 년 뒤

❸ 첨성대는 선덕대왕 신종보다 몇 년 앞서 만들어졌는지 써 보세요.

124 년 전

규칙에 따라 세 자리 수를 셈해요

1 숫자 공 4개로 두 자리 수를 2개 만들고, 주사위를 던져 나온 연산 기호를 사용해 계산한 값이 가장 큰 수와 가장 작은 수가 되도록 [보기]와 같이 써 보세요.

보기

$$\begin{array}{r} 81 \\ +52 \\ \hline 133 \end{array} \qquad \begin{array}{r} 18 \\ +25 \\ \hline 43 \end{array}$$

가장 큰 수 : 133, 가장 작은 수 : 43

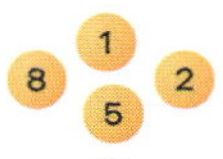 ❶

(예)
$$\begin{array}{r} 94 \\ +73 \\ \hline 167 \end{array} \qquad \begin{array}{r} 37 \\ +49 \\ \hline 86 \end{array}$$
가장 큰 수 : 167, 가장 작은 수 : 86

 ❷

(예)
$$\begin{array}{r} 75 \\ -24 \\ \hline 51 \end{array} \qquad \begin{array}{r} 52 \\ -47 \\ \hline 5 \end{array}$$
가장 큰 수 : 51, 가장 작은 수 : 5

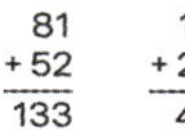

2 숫자 공 4개로 두 자리 수를 2개 만들고, 주사위를 던져 나온 연산 기호를 사용해 계산한 값이 가장 큰 수와 가장 작은 수가 되도록 빈칸에 써 보세요.

 ❶

(예)
$$\begin{array}{r} 83 \\ +62 \\ \hline 145 \end{array} \qquad \begin{array}{r} 28 \\ +36 \\ \hline 64 \end{array}$$
가장 큰 수 : 145, 가장 작은 수 : 64

가장 큰 수 **145**

가장 작은 수 **64**

❷

(예)
$$\begin{array}{r} 97 \\ -36 \\ \hline 61 \end{array} \qquad \begin{array}{r} 73 \\ -69 \\ \hline 4 \end{array}$$
가장 큰 수 : 61, 가장 작은 수 : 4

가장 큰 수 **61**

가장 작은 수 **4**

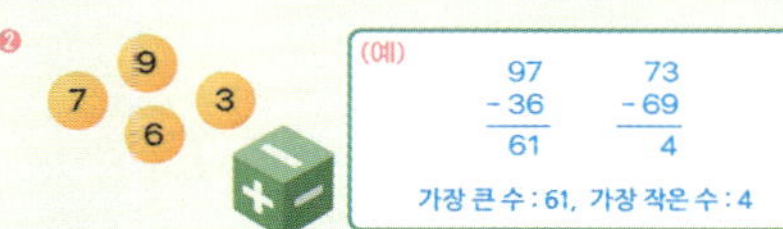

---

3 다음 수 카드를 한 번씩 모두 사용해 식 3개를 만들려고 합니다. 빈 카드에 알맞은 수를 써 보세요.

❶

17	28	37	48

| 63 | 72 | 85 | 89 | 91 |

28 + 63 = 91

37 + 48 = 85

17 + 72 = 89

❷

| 178 | 379 | 123 | 328 | 978 | 155 |

| 259 | 674 | 425 | 545 | 146 | 632 |

178 + 123 = 155 + 146

379 + 425 = 259 + 545

328 + 978 = 674 + 632

100으로 묶어 세 자리 수를 셈해요

월　일

1 다음 계산을 세로셈이 아닌 다른 방법으로 계산하려고 합니다. 빈칸에 알맞은 수를 써 보세요.

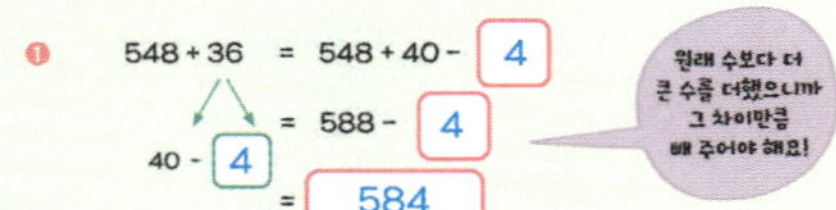

❶ $548 + 36 = 548 + 40 - \boxed{4}$
$= 588 - \boxed{4}$
$40 - \boxed{4}$
$= \boxed{584}$

❷ $674 + 87 = 674 + 100 - \boxed{13}$
$= 774 - \boxed{13}$
$100 - \boxed{13}$
$= \boxed{761}$

❸ $368 + 579 = 368 + 600 - \boxed{21}$
$= \boxed{968} - \boxed{21}$
$600 - \boxed{21}$
$= \boxed{947}$

❹ $731 - 83 = 731 - 100 + \boxed{17}$
$= 631 + \boxed{17}$
$100 - \boxed{17}$
$= \boxed{648}$

❺ $542 - 268 = 542 - 300 + \boxed{32}$
$= \boxed{242} + \boxed{32}$
$300 - \boxed{32}$
$= \boxed{274}$

2 다음 계산을 세로셈이 아닌 다른 방법으로 계산하고, 그 과정을 써 보세요.

❶ $456 + 279 =$
$= 456 + 300 - 21$
$= 756 - 21$
$= 735$

❷ $621 - 457 =$
$= 621 - 500 + 43$
$= 121 + 43$
$= 164$

---

❸ 상황을 읽고 셈해요

상황을 살피며 더하고 빼요

월　일

1 다음 이야기를 읽고 물음에 답하세요.

아기 돼지 삼형제가 각각 집을 지어요.
첫째 돼지는 볏짚 156묶음으로 집을 짓다가,
57묶음을 더 가져다가 집을 완성했습니다.
둘째 돼지는 나무토막 325개로 집을 짓기 시작했는데,
완성하고 보니 58개가 남아 있었어요.
셋째 돼지는 벽돌로 3일 동안 집을 지었어요.
첫째 날에는 벽돌 85개, 둘째 날에는 벽돌 96개,
셋째 날에는 벽돌 119개를 쌓아 집을 완성했어요.
얼마 뒤 늑대가 삼형제를 찾아왔지만,
셋째 돼지의 튼튼한 벽돌집에 숨어 함께 위기를 넘겼답니다.

❶ 첫째 돼지가 집을 만드는 데 사용한 볏짚은 모두 몇 묶음인지 써 보세요.

식　$156 + 57 = 213$　　　$\boxed{213}$ 묶음

❷ 둘째 돼지가 집을 만드는 데 사용한 나무토막은 모두 몇 개인지 써 보세요.

식　$325 - 58 = 267$　　　$\boxed{267}$ 개

❸ 셋째 돼지가 집을 만드는 데 사용한 벽돌은 모두 몇 개인지 써 보세요.

식　$85 + 96 + 119 = 300$　　　$\boxed{300}$ 개

STEP 2 — 상황을 살피며 셈해요

월 일

1 다음 전래동화를 읽고 물음에 답하세요.

❶ 두 형제가 추수하고 얻은 쌀은 모두 몇 가마인지 써 보세요.

식 76+58=134 | 134 | 가마

❷ 형이 동생에게 쌀을 주었습니다. 형에게 남은 쌀은 모두 몇 가마인지 써 보세요.

식 76-19=57 | 57 | 가마

❸ 다음 날 동생도 형에게 쌀을 주었습니다. 동생에게 남은 쌀은 모두 몇 가마인지 써 보세요.

식 58+19-18=59 | 59 | 가마

❹ 마지막에 형에게 남은 쌀은 모두 몇 가마인지 써 보세요.

식 76-19+18=75 | 75 | 가마

74 / 75

STEP 2

월 일

2 다음 글을 읽고 물음에 답하세요.

❶ 오후 1시에 주차장에서 차가 빠져 나간 뒤, 주차장에 남은 차는 모두 몇 대인지 써 보세요.

식 47-18=29 | 29 | 대

❷ 오후 6시에 주차장으로 차가 들어온 뒤, 주차장에 주차된 차는 모두 몇 대인지 써 보세요.

식 29+26=55 | 55 | 대

3 다음 글을 읽고 물음에 답하세요.

❶ 정원이네 학교 2학년 학생은 모두 몇 명인지 써 보세요. (단, 2학년 학생 모두가 빠짐없이 회장 선거에 참여했습니다.)

식 128+96+162=386 | 386 | 명

❷ 정원이는 지원이보다 몇 표를 더 얻었는지 써 보세요.

식 162-128=34 | 34 | 표

76 / 77

STEP 3 상황을 살피며 차례로 셈해요

월 일

78 / 79

1 다음 글을 읽고 물음에 답하세요.

성연이는 학교 대표로 볼링 대회에 나가게 되었어요.
그래서 가족들과 함께 볼링장에 가서 연습을 했어요.
월요일에 아빠는 215점, 엄마는 153점, 성연이는 91점을 얻었어요.
화요일에 아빠는 204점, 엄마는 162점, 성연이는 103점을 얻었어요.
며칠 뒤 볼링 대회가 열리고 성연이는 결승까지 올라갔습니다.
결승전에서 성연이는 2살 많은 이수 오빠와 시합을 했고
이수 오빠가 104점, 성연이는 127점을 얻어 성연이가 우승했답니다.

❶ 성연이네 가족이 얻은 볼링 점수를 써 보세요.

요일 점수	월요일	화요일
아빠의 점수(점)	215	204
엄마의 점수(점)	153	162
성연의 점수(점)	91	103

❷ 월요일에 아빠는 성연이보다 얼마나 많은 점수를 얻었는지 써 보세요.

124 점

❸ 성연이네 가족이 얻은 점수의 총합은 어느 요일이 몇 점 더 높은지 써 보세요.

화 요일 10 점

❹ 볼링 대회 결승에서 성연이는 이수 오빠보다 몇 점을 더 얻었는지 써 보세요.

23 점

STEP 3

월 일

80 / 81

2 다음 글을 읽고 물음에 답하세요.

재희, 지우, 연우가 셋이서 영화를 보러 갔어요.
연우는 매표소로 가서 직원과 이렇게 이야기 나눴습니다.
"<미니언즈>를 보려고 하는데, 영화가 몇 시에 시작하나요?"
"1관에서는 2시에 시작하고, 2관에서는 2시 30분에 시작합니다.
2시에 시작하는 영화는 234석 중에서 48석이 남았고,
2시 30분에 시작하는 영화는 186석 중에서 110석이 남았습니다."
직원의 말을 듣고 연우는 이렇게 결정했어요.
"그럼 2시 30분 영화로 표 3장 주세요."

❶ 다음 표를 채우세요.

	시작 시각	전체 좌석 수(석)	남은 좌석 수(석)
1관	2시	234	48
2관	2시 30분	186	110

❷ 연우가 표를 사기 전, 2시 30분 영화의 좌석은 얼마나 팔렸는지 써 보세요.

76 석

❸ 2시 영화가 시작한 다음, 남아 있는 표의 수는 48장이었습니다. 2시 영화를 본 사람은 모두 몇 명인지 써 보세요. (단, 표를 산 사람은 모두 영화를 보았습니다.)

186 명

생각이 자라는 STEP 1

❹ 그림을 보고 셈해요

그림을 살피며 더하고 빼요

월 일

1 동물들의 운동복에는 서로 다른 등 번호가 적혀 있습니다. 다음 식을 보고 동물들에게 맞는 등 번호를 운동복에 써 보세요.

❶

❷

82/83

생각이 자라는 STEP 1

월 일

❸

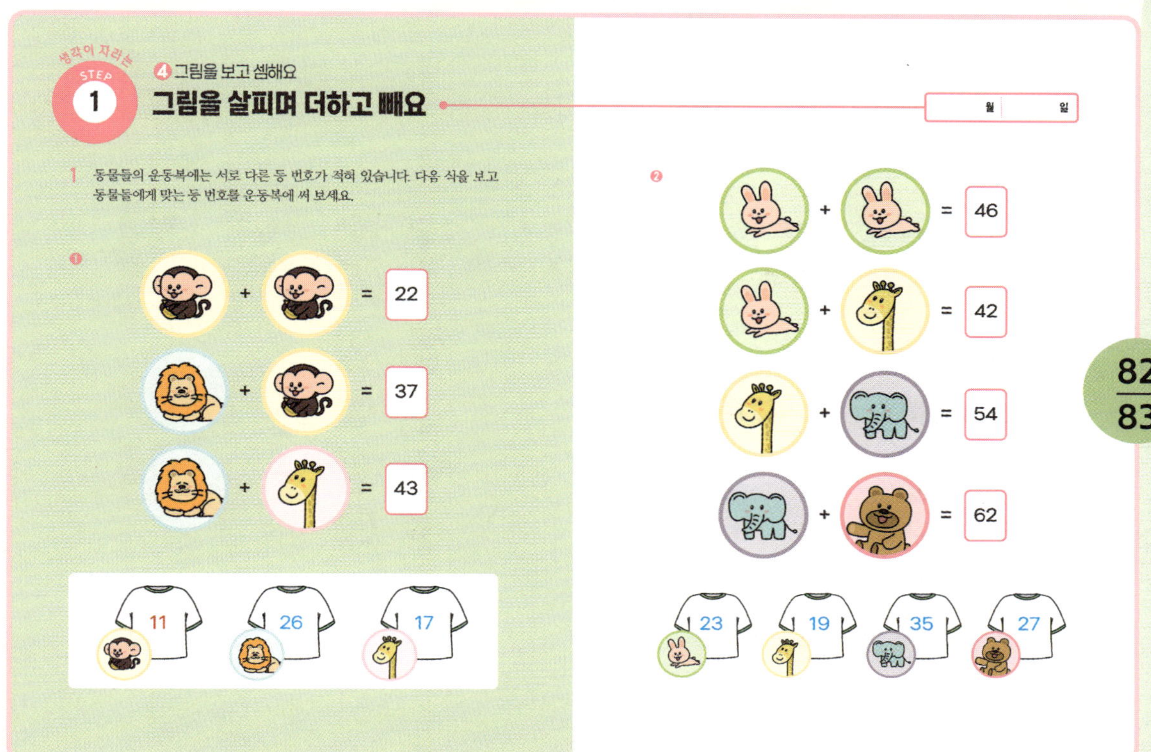

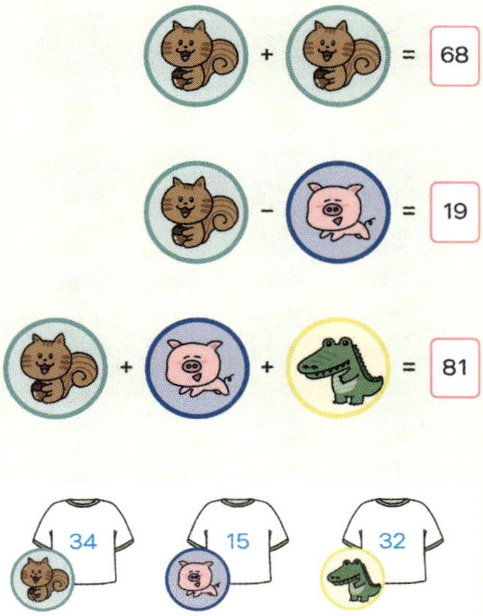

❹

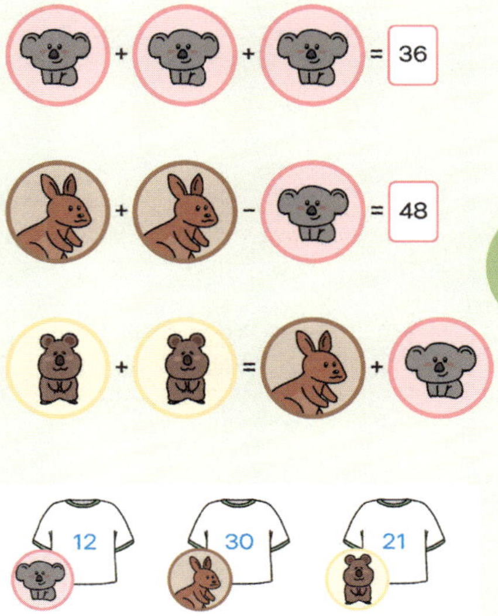

84/85

응용력이 커지는 STEP 2 그림을 살펴보며 셈해요

월 일

1 그림 카드 뒤에는 수가 쓰여 있어요. 다음 식을 보고 각 카드에는 어떤 수가 쓰여 있는지 빈칸에 알맞은 수를 써 보세요.

① 봄 / 여름 / 가을 / 겨울

= 62
= 13
= 52
= 43

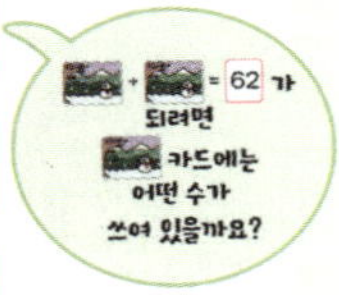

18 61 34 31

② 첫째 돼지 / 둘째 돼지 / 셋째 돼지 / 늑대

= 200
= 50
= 70
= 270

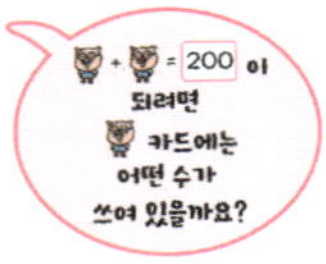

150 120 100 170

응용력이 커지는 STEP 2

월 일

③ 동 / 서 / 남 / 북

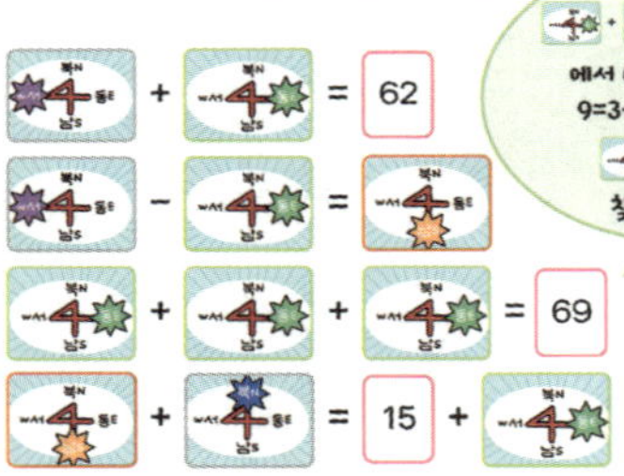

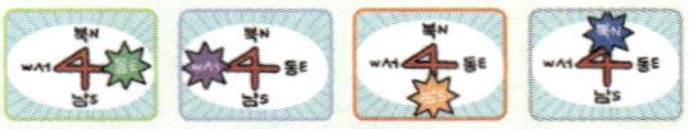

= 62
= 69
= 15 +

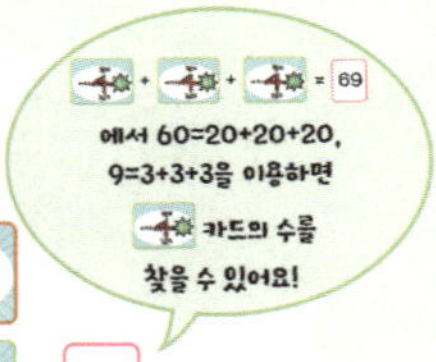

23 39 16 22

④ 삼총사 1 / 삼총사 2 / 삼총사 3 / 달타냥

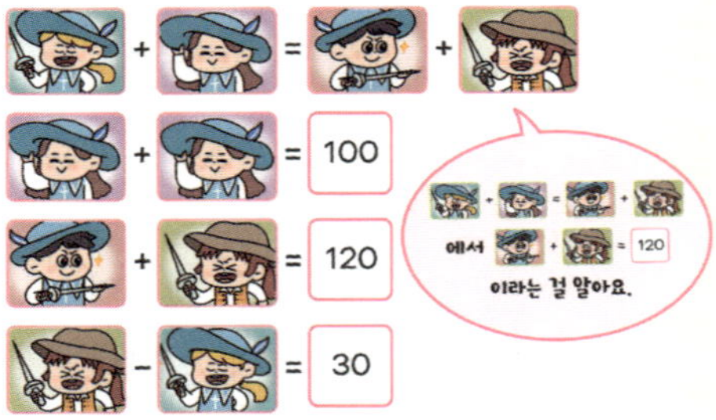

= +
= 100
= 120
= 30

70 50 20 100

STEP 3 — 그림을 살피며 차례로 셈해요

월 일

1 탁자 위에 놓인 카드를 각자 한 장 뽑아서 보이지 않게 가지고 있습니다. 다음을 보고 뽑은 카드에 적힌 수가 무엇인지 빈 카드에 써넣어 보세요.

❶
▶ 마주 보는 수들의 합은 153입니다.
▶ 77은 64의 오른쪽에 있습니다.

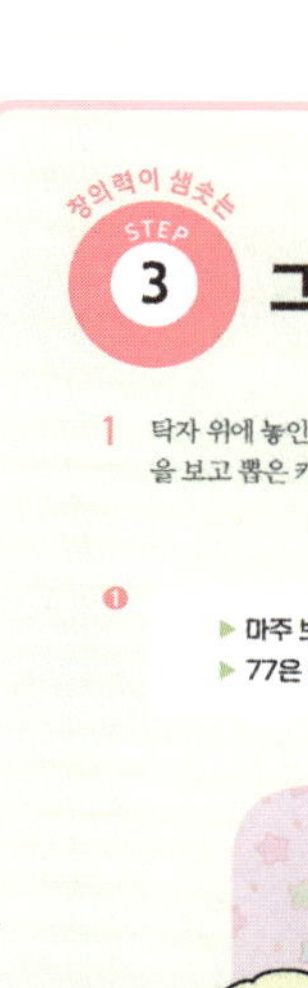

❷
▶ 63은 58의 왼쪽에 있습니다.
▶ 63과 마주 보는 수의 합은 141입니다.
▶ 58과 마주 보는 수의 합은 125입니다.

90/91

STEP 3

월 일

❸
▶ 47의 양옆에는 75가 없습니다.
▶ 66은 75의 왼쪽에 있습니다.
▶ 마주 보는 수들의 합은 모두 같습니다.

❹
▶ 55와 마주 보는 수의 합은 112입니다.
▶ 55는 34의 왼쪽에 있습니다.
▶ 카드 4장의 수들의 합은 200입니다.

92/93

규칙을 살피며 더하고 빼요

월   일

1 저울 위에 장난감을 올리면 장난감의 진짜 무게보다 더 큰 수 또는 더 작은 수로 나타나는 규칙이 있습니다. 저울에 나타난 수를 보고 규칙을 찾아 ☐ 안에 알맞게 쓰고, 빈 저울에도 알맞은 수를 써 보세요.

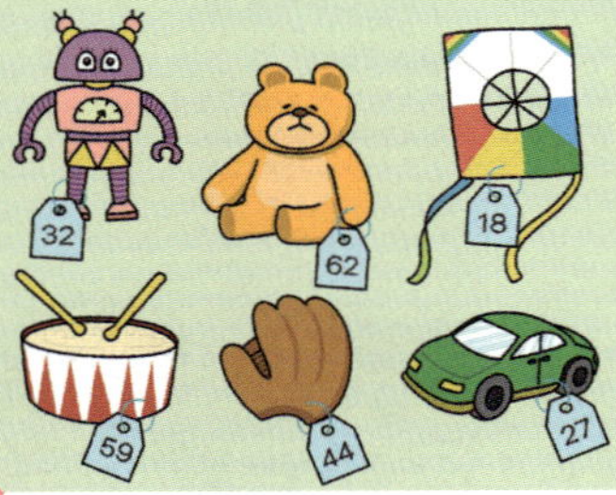

보기

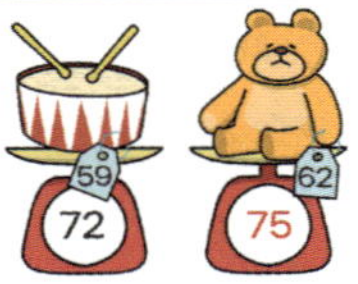

빨간색 저울은 원래 무게보다 **13**만큼 더 **큰** 수를 나타냅니다.

❶

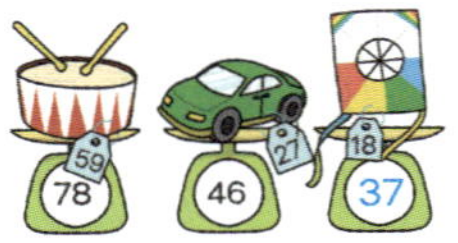

연두색 저울은 원래 무게보다 **19** 만큼 더 **큰** 수를 나타냅니다.

❷

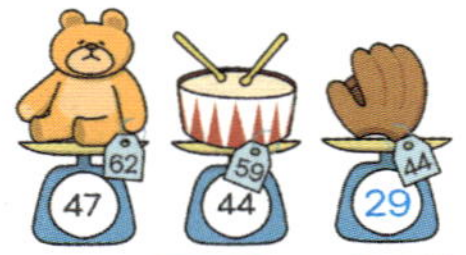

파란색 저울은 원래 무게보다 **15** 만큼 더 **작은** 수를 나타냅니다.

❸

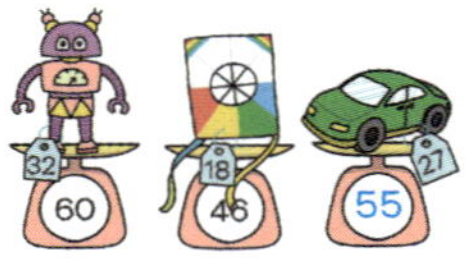

분홍색 저울은 원래 무게보다 **28** 만큼 더 **큰** 수를 나타냅니다.

월   일

2 넣으면 물건의 개수가 많아지는 상자가 있습니다. [보기]를 보고 규칙을 찾아 상자에 물건을 넣으면 몇 개가 나오는지 빈칸에 써 보세요.

❶ 보기

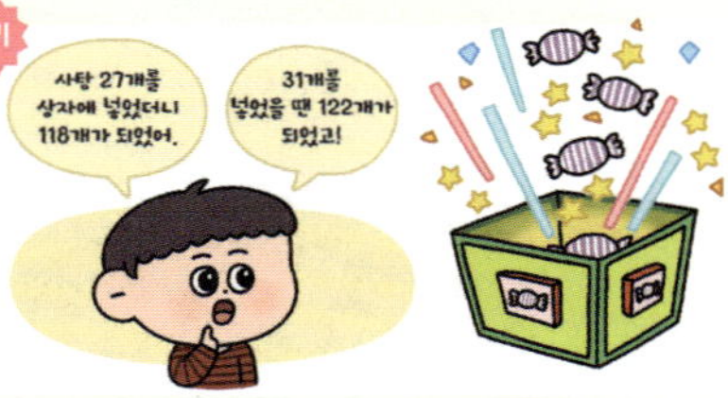

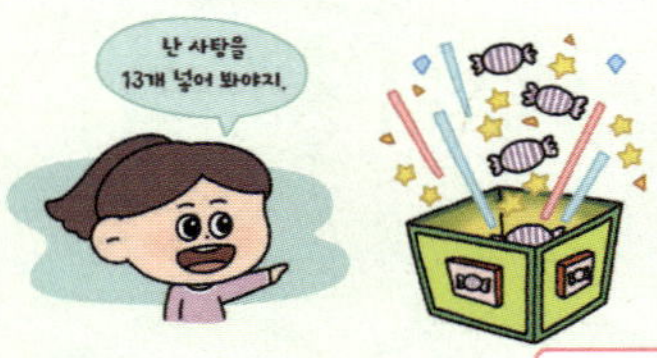

104 개

❷ 보기

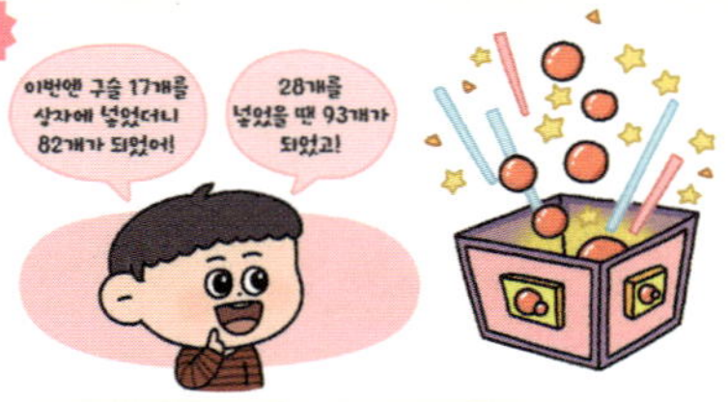

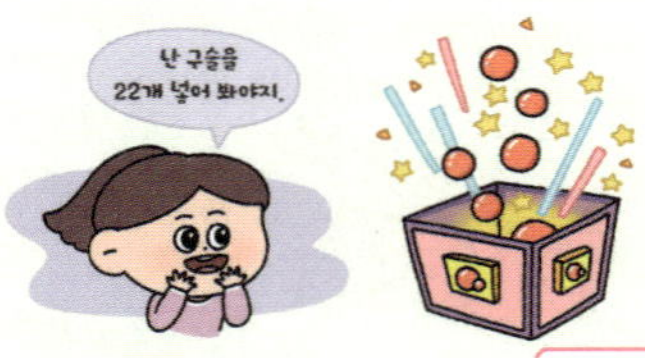

87 개

응용력이 커지는 STEP 2 규칙을 살피며 셈해요

월   일

1 [보기]와 같이 정해진 규칙대로 수를 바꿔 주는 로봇이 있습니다. 규칙을 찾아 빈칸에 알맞은 수를 써 보세요. (단, 로봇은 색깔마다 규칙이 다릅니다.)

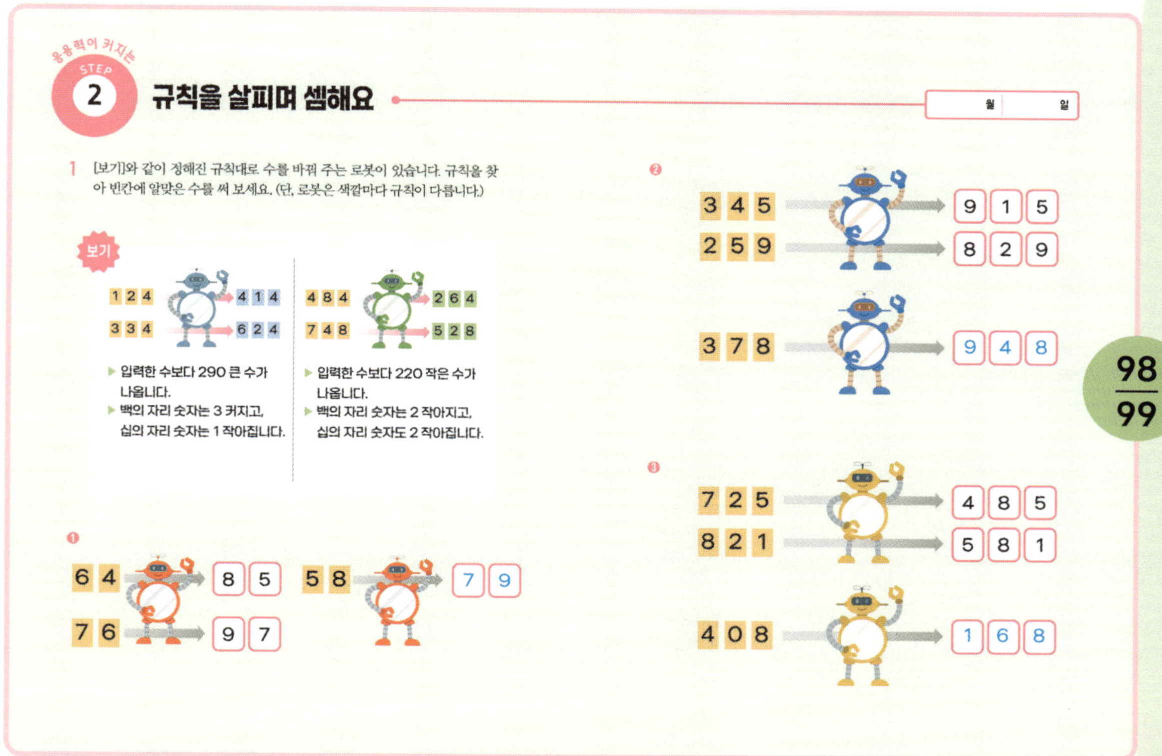

보기

▶ 입력한 수보다 290 큰 수가 나옵니다.
▶ 백의 자리 숫자는 3 커지고, 십의 자리 숫자는 1 작아집니다.

▶ 입력한 수보다 220 작은 수가 나옵니다.
▶ 백의 자리 숫자는 2 작아지고, 십의 자리 숫자도 2 작아집니다.

응용력이 커지는 STEP 2

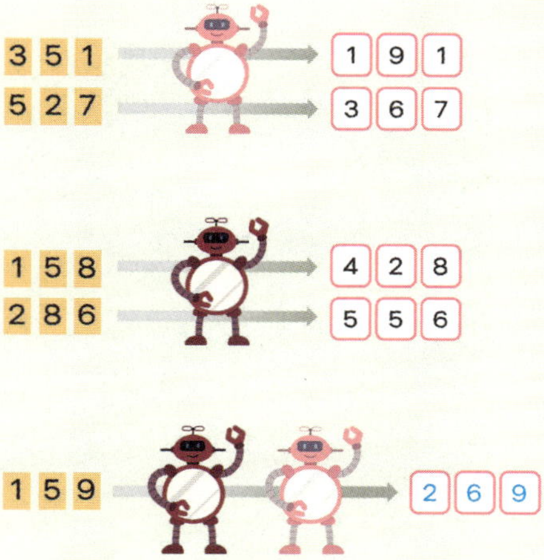

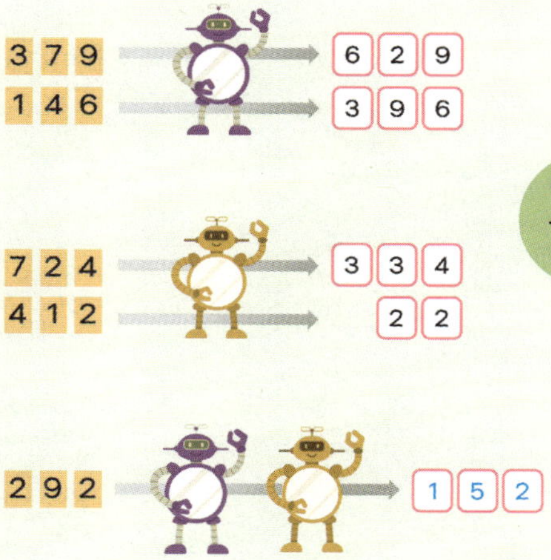

월   일

163

규칙을 살피며 차례로 셈해요

월   일

1 규칙을 찾아 **?** 의 자리에 알맞은 수를 써 보세요.

① 156   132   108   84   **?**

? = 60

② 56   78   **?**   122   144

? = 100

③ 111   123   136   150   **?**

? = 165

2 규칙을 찾아 **?** 의 자리에 알맞은 수를 써 보세요.

① 123   314   156   617   18**?**

? = 9

② 212   224   339   428   32**?**

? = 6

③ 213   325   437   167   3**?**8

? = 5

---

❻ 덧셈식과 뺄셈식을 완성해요

빈칸을 채우며 셈을 완성해요

월   일

1 벌레 먹은 나뭇잎의 빈칸에 알맞은 수를 쓰고 식을 완성해 보세요.

①

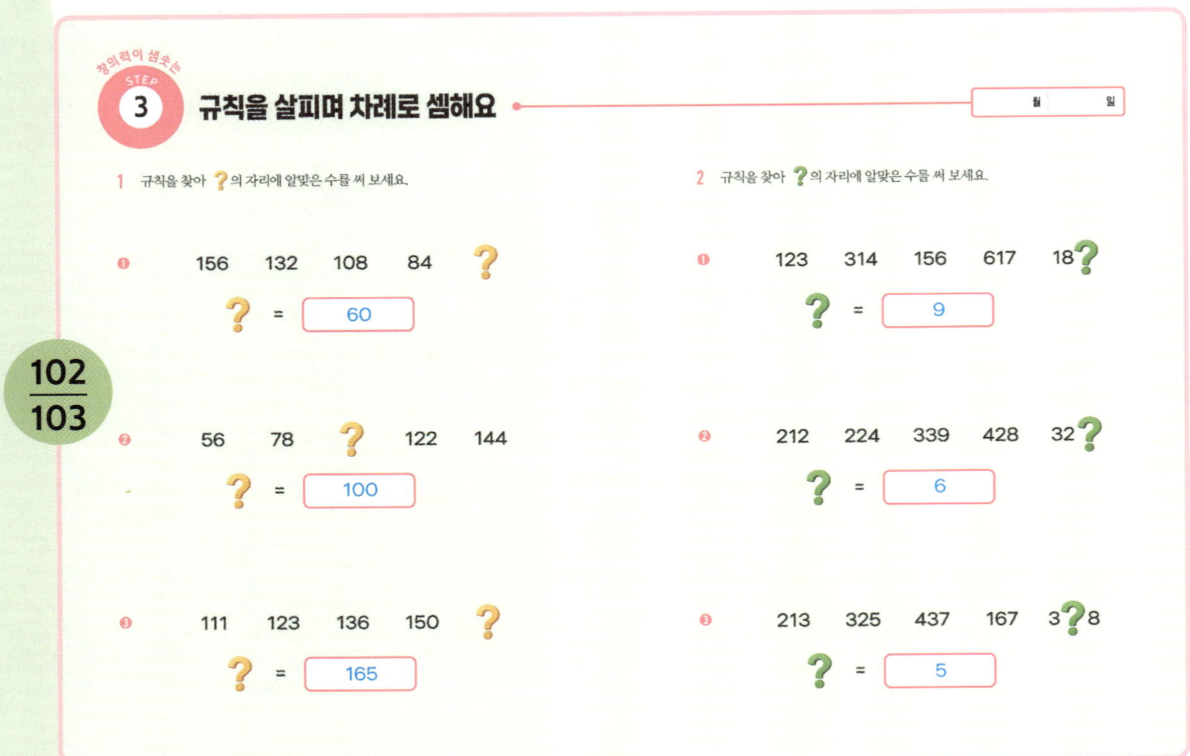

②

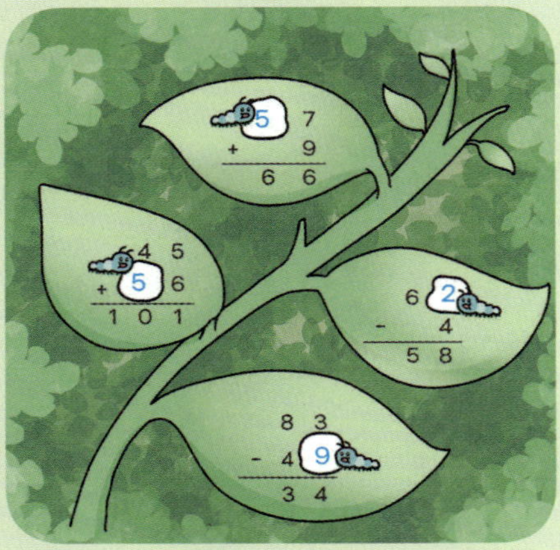

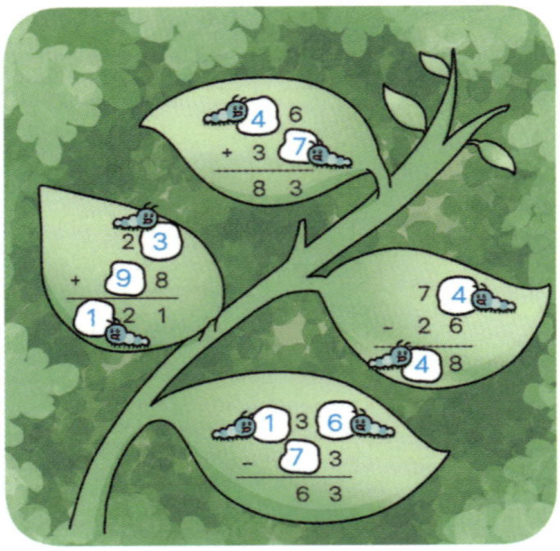

2 주어진 꽃 카드를 활용해 빈칸에 알맞은 수를 쓰고 식을 완성해 보세요.

셈을 살피며 규칙을 찾아요

1 각각의 식에서 곤충들은 0부터 9까지 수 중 서로 다른 하나의 수를 나타냅니다. 곤충들이 나타내는 수를 빈칸에 써 보세요. (단, 각각의 식에서 같은 곤충은 같은 수를 나타냅니다.)

① 🐞 + 🐞 =10이 되려면 🐞는 어떤 수를 나타내야 하나요?

5

② 🐜는 어떤 수를 나타내나요?

1

① 🐝 + 🐝 = 🐝 이 되려면 🐝은 어떤 수를 나타내야 하나요?

0

② 🦋는 어떤 수를 나타내나요?

5

월   일

❸

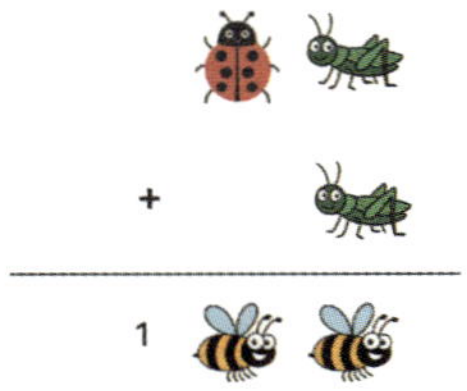

① 🐞 는 어떤 수를 나타내나요?
9

② 🦗 는 5부터 9까지의 수 중 어떤 수를 나타내야 하나요?
5

③ 🐝 은 어떤 수를 나타내나요?
0

❹

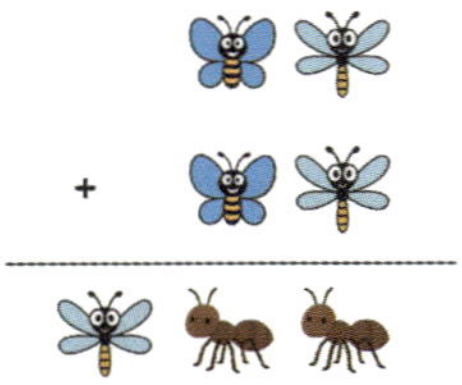

① 🦟 🐜 🐜 에서 🦟 는 어떤 수를 나타내나요?
1

② 🦟 + 🐝 = 🐜 가 되려면 🐝 는 어떤 수를 나타내야 하나요?
2

③ 🦋 는 어떤 수를 나타내나요?
6

규칙을 찾아 빈칸을 채워요

월   일

1 각각의 식에서 동물들은 0부터 9까지 수 중 서로 다른 하나의 수를 나타냅니다. 동물들이 나타내는 수를 빈칸에 써 보세요. (단, 각각의 식에서 같은 동물은 같은 수를 나타냅니다.)

❶

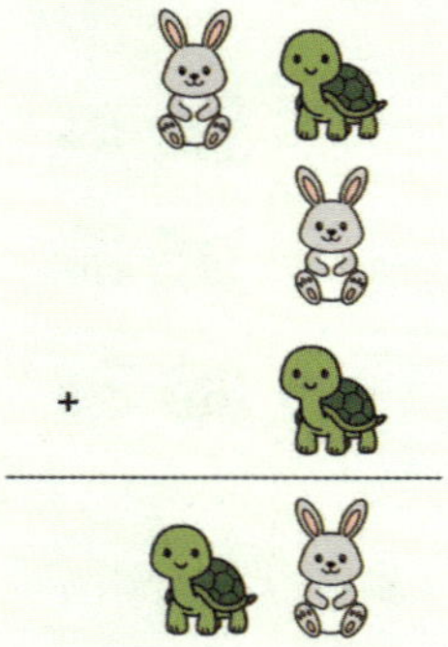

🐰 = 4   🐢 = 5

❷

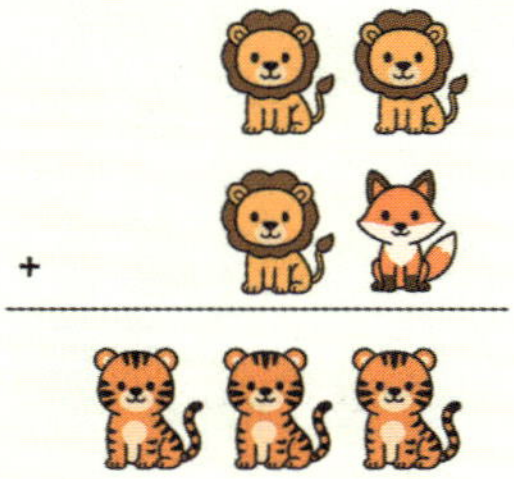

🦁 = 5   🦊 = 6

🐯 = 1

월 일

❸

+

=

114 / 115

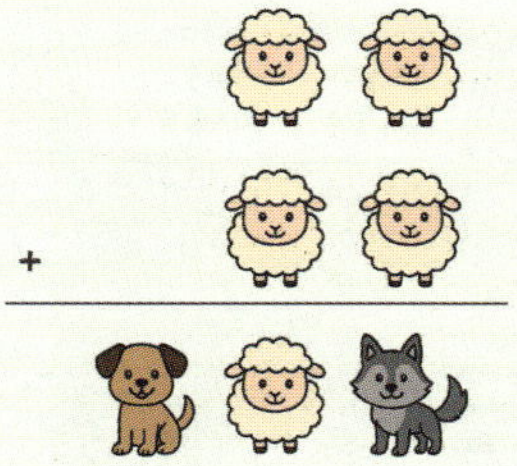

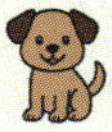

🐕 = 1   🐑 = 9

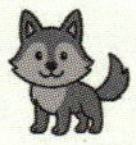

🐺 = 8

❹

−

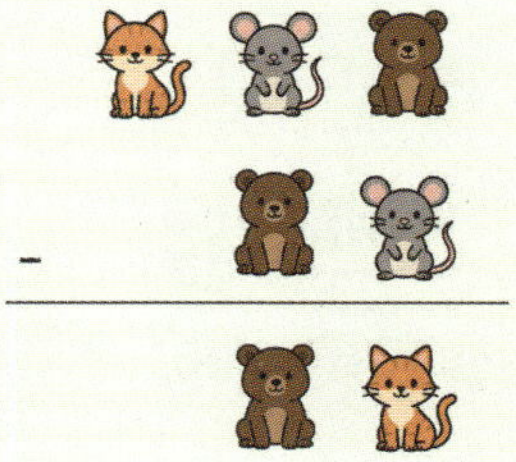

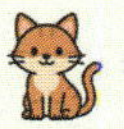

🐱 = 1   🐭 = 8

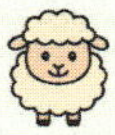

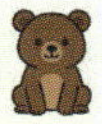

🐻 = 9

❶ 곱셈구구와 친해져요
곱셈구구를 배워요

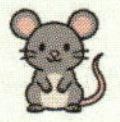

월 일

1 하트 개수가 같은 카드끼리 선으로 이어 보세요.

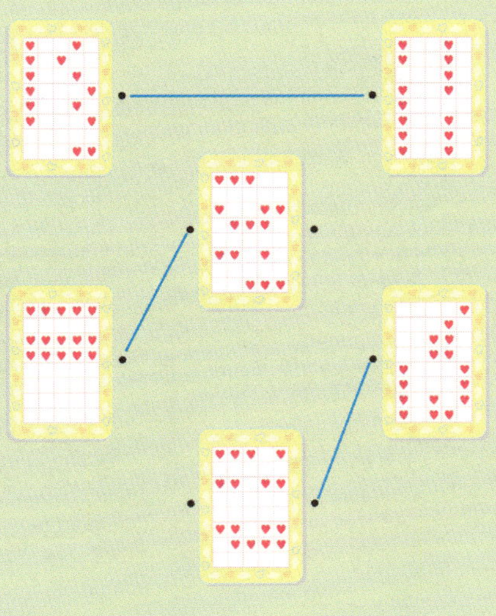

2 하트 카드와 같은 개수를 표현한 식을 모두 찾아 선으로 이어 보세요.

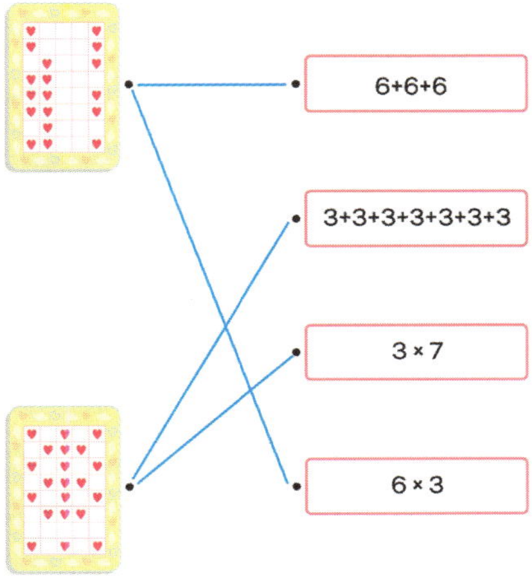

6+6+6

118 / 119

3+3+3+3+3+3+3

3 × 7

6 × 3

3 곱셈구구 계산 결과가 같은 사람끼리 만날 수 있도록 길을 따라 선으로 이어
보세요. (단, [보기]와 같이 다른 친구가 지난 길은 지나지 않도록 합니다.)

120
121

곱셈구구를 차례로 셈해요

1 강아지가 길을 따라 간식을 찾으러 갑니다. 곱한 결과에서 십의 자리 숫자와
일의 자리 숫자의 합이 9가 되는 곳을 따라 선을 이어 보세요.

122
123

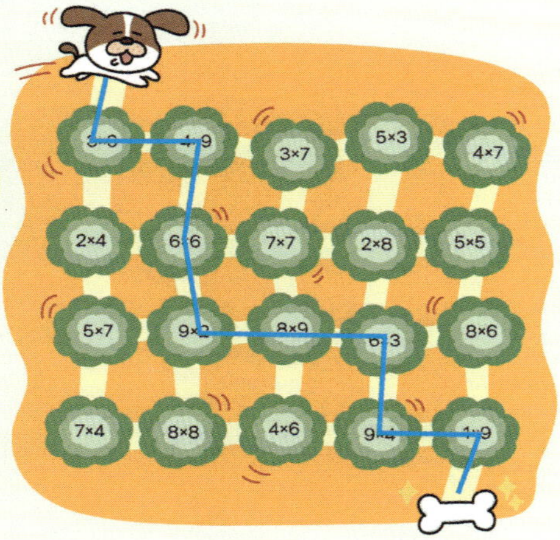

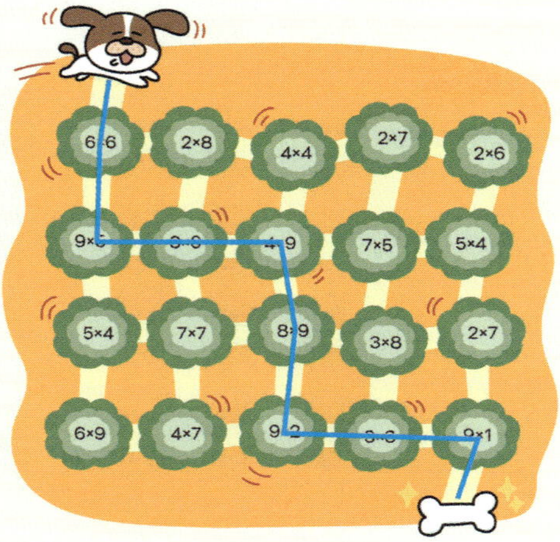

2 [보기]를 보고 출발에서 도착까지 미로를 빠져나갈 수 있는 길을 찾아 선으로
   이어 보세요.

보기
▶ 두 자리 수는 십의 자리 숫자와 일의 자리 숫자를 곱한 수로 이동합
  니다.
  예 27은 2×7=14, 14로 이동

▶ 한 자리 수는 자신을 두 번 곱한 수로 이동합니다.
  예 4는 4×4=16, 16으로 이동

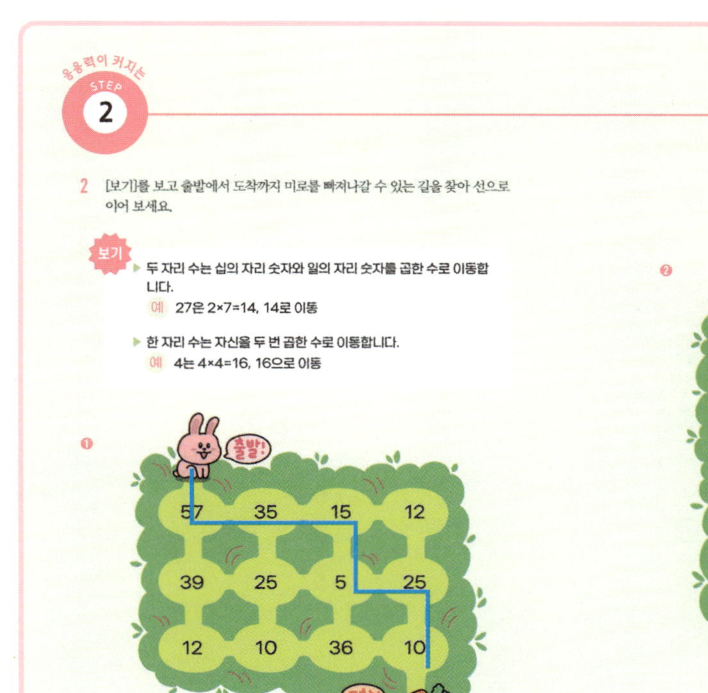

---

3 시우와 은우는 연결 큐브를 가지고 다음 모형을 만들었습니다. 모형에 사용
   된 연결 큐브의 개수가 몇 개인지 [보기]와 같이 식을 세워 답을 구해 보세요.

보기
은   모양을 2개 연결해서 만든 것이므로
연결 큐브의 개수는 2×2×2=8(개)입니다.

❷ 연결 큐브의 개수를 구하는 식을 세워 답을 구해 보세요.

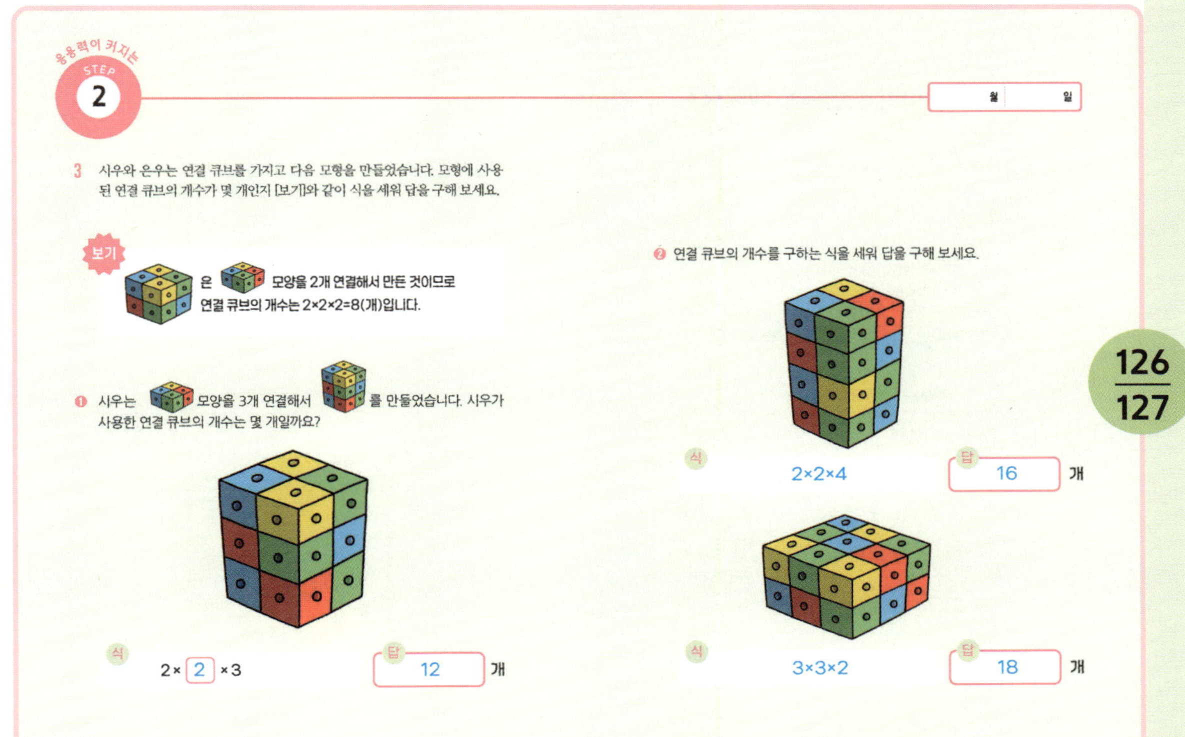

❶ 시우는   모양을 3개 연결해서   를 만들었습니다. 시우가
  사용한 연결 큐브의 개수는 몇 개일까요?

식   2× 2 ×3   답   12 개

식   2×2×4   답   16 개

식   3×3×2   답   18 개

128
129

창의력이 샘솟는 STEP 3

곱셈구구로 규칙을 찾아요

월 일

1 각각의 모양은 1부터 9까지의 서로 다른 수를 나타내고, 가로줄 또는 세로줄의 끝에 있는 수는 그 줄에 있는 모양이 나타내는 수들의 합을 뜻합니다. 각 모양이 나타내는 수를 구해 보세요.

①
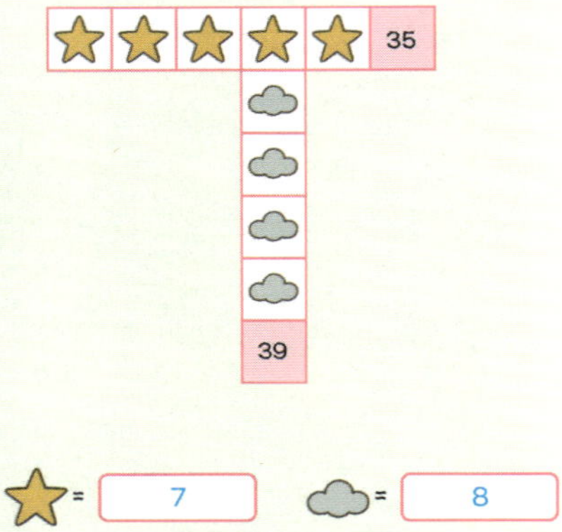
35
39
= 7
= 8

②
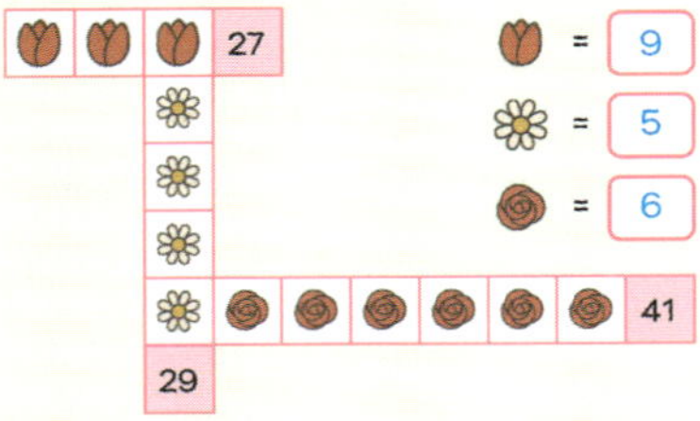
27
41
29
= 9
= 5
= 6

③
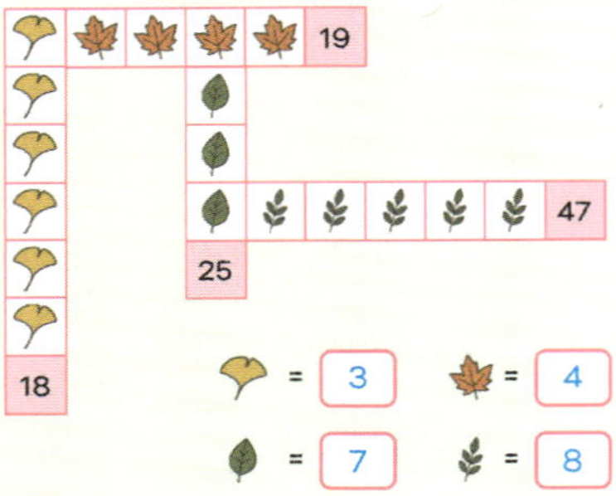
19
47
25
18
= 3
= 4
= 7
= 8

130
131

생각이 자라는 STEP 1

② 곱셈구구를 활용해요

규칙에 따라 곱셈식을 셈해요

월 일

1 [보기]에 따라 곱셈 퍼즐을 풀어 보세요.

보기

- 약속한 값이 되도록 보석을 묶습니다.
- 보석은 2개 또는 3개로 묶습니다.
- 사용한 보석을 다시 사용할 수 없습니다.
- 보석을 묶을 때에는 (옆으로), (아래로)만 묶을 수 있습니다.

곱이 12가 되도록 보석을 묶어 보세요.

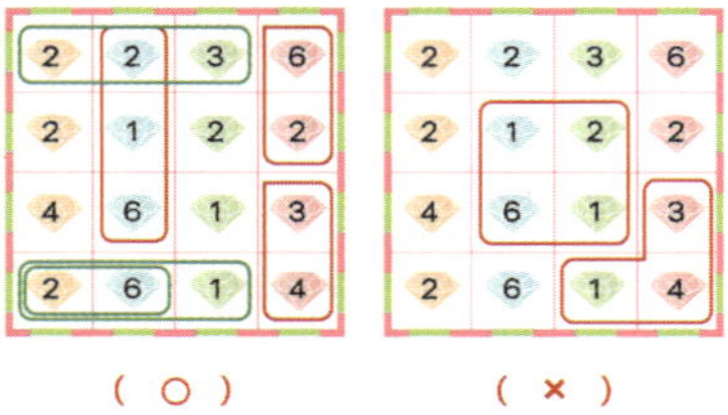
2 2 3 6
2 1 2 2
4 6 1 3
2 6 1 4
(○)
2 2 3 6
2 1 2 2
4 6 1 3
2 6 1 4
(×)

① 곱이 45가 되는 보석 묶음을 모두 찾아 묶어 보세요.

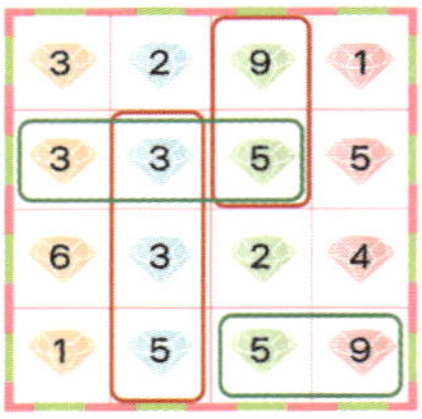
3 2 9 1
3 3 5 5
6 3 2 4
1 5 5 9

② 곱이 24가 되는 보석 묶음을 모두 찾아 묶어 보세요.

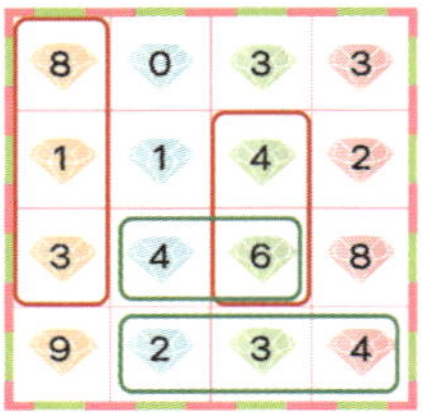
8 0 3 3
1 1 4 2
3 4 6 8
9 2 3 4

❸ 곱이 36이 되는 보석 묶음을 모두 찾아 묶어 보세요.

❹ 곱이 48이 되는 보석 묶음을 모두 찾아 묶어 보세요.

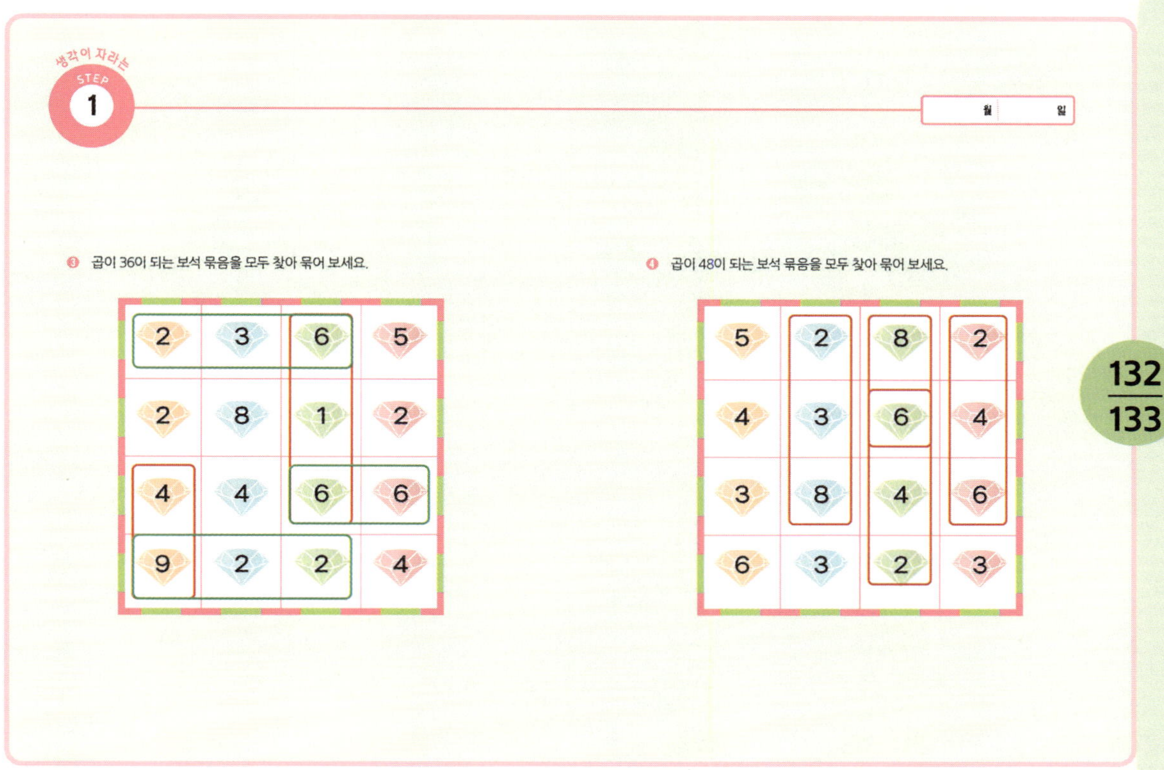

132 / 133

곱셈구구로 빈칸을 채워요

월   일

1 다음 빈칸에는 2부터 9까지의 수가 들어갈 수 있습니다. [보기]와 같이 빈칸에 알맞은 수를 써 보세요.

보기

▶ 표의 바깥에 있는 숫자는
해당 줄의 두 수를 곱한 값입니다.
5 × 7 = 35
4 × 9 = 36
5 × 5 = 25
4 × 8 = 32

134 / 135

171

136/137

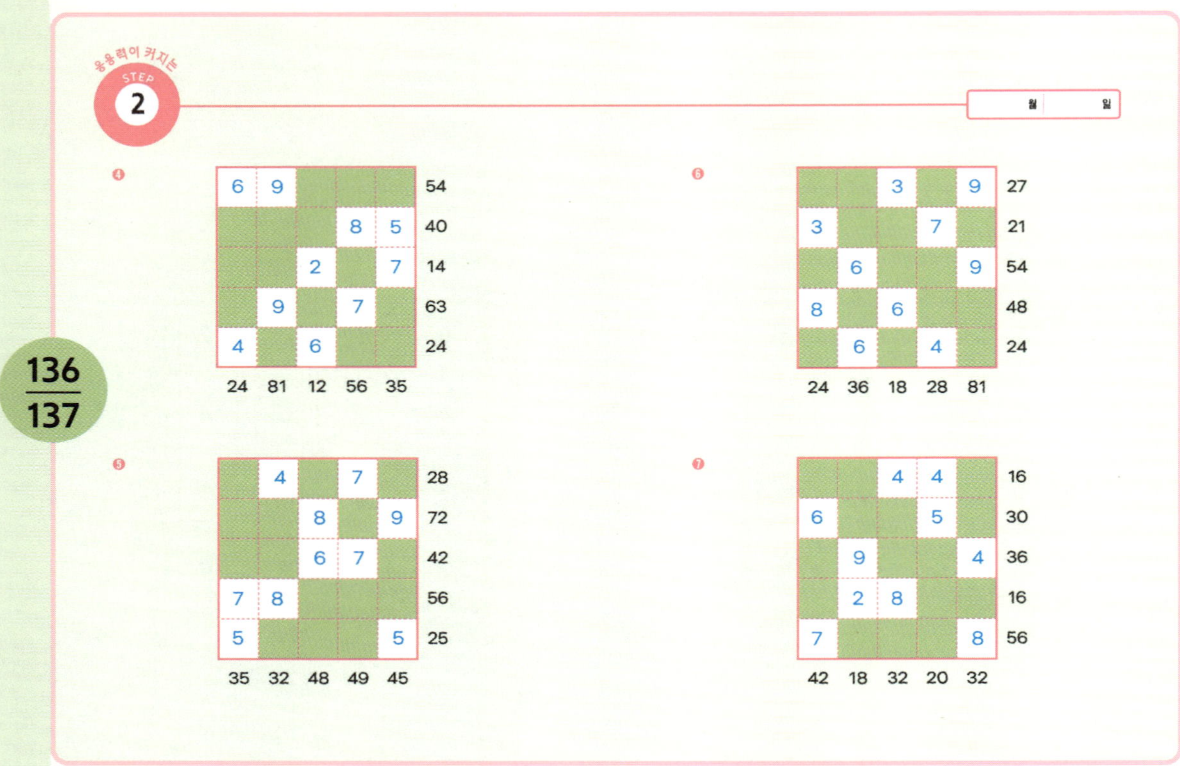

창의력이 쑥쑥크는
STEP
3 **곱셈구구로 셈을 완성해요**

월   일

1 다음 [   ] 안의 수를 한 번씩만 사용해 직선으로 연결된 세 수를 곱한
   값이 모두 같게 만들려고 합니다. 빈칸에 알맞은 수를 써 보세요.

138/139

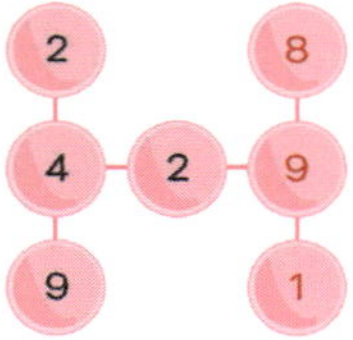

보기

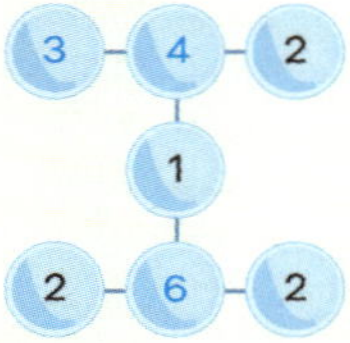

172

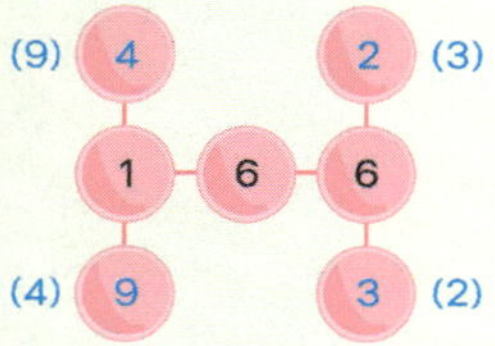

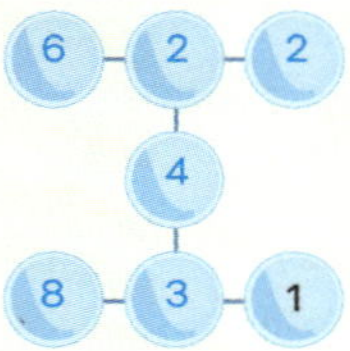